점프
왕수학

최상위 5%
도약을 위한

최상위

대한민국 수학학력평가의 새로운 기준!!

KMA
한국수학학력평가

| **시험일자** **상반기** | 매년 6월 셋째주
하반기 | 매년 11월 셋째주

| **응시대상** **초등 1년 ~ 중등 3년** (미취학생 및 상급학년 응시 가능)

| **응시방법** **KMA 홈페이지 접수 또는 각 지역별 학원접수처 방문 접수**
성적우수자 특전 및 시상 내역 등 기타 자세한 사항은 KMA 홈페이지를 참조하세요.

홈페이지 바로가기
(www.kma-e.com)

▶ 본 평가는 100% 오프라인 평가입니다.

주최 | 한국수학학력평가연구원   주관 | (주)에듀왕

점프

왕수학

최상위 5%
도약을 위한

최상위

2-1

구성과 특징

┃왕수학의 특징

1. 왕수학 개념+연산 → 왕수학 기본 → 왕수학 실력 → 점프 왕수학 최상위 순으로 단계별·난이도별 학습이 가능합니다.

2. 2022 개정교육과정 **100% 반영**하였습니다.

3. 기본 개념 정리와 개념을 익히는 **기본문제**를 수록하였습니다.

4. 문제 해결력을 키우는 다양한 **창의사고력 문제**를 수록하였습니다.

5. 논리력 향상을 위한 **서술형 문제**를 강화하였습니다.

6. 실시간 **동영상 강의**를 통해 자기주도 학습이 가능합니다.

STEP 1

핵심알기

단원의 핵심 내용을 요약한 뒤 각 단원에 직접 연관된 정통적인 문제와 기본 원리를 묻는 문제들로 구성하고 'Jump 도우미'를 주어 기초를 확실하게 다지도록 하였습니다.

STEP 2

핵심응용하기

단원의 대표 유형 문제를 뽑아 풀이에 맞게 풀어 본 후, 확인 문제로 대표적인 유형을 확실하게 정복할 수 있도록 하였습니다.

STEP 3

왕문제

교과 내용 또는 교과서 밖에서 다루어지는 새로운 유형의 문제들을 폭넓게 다루어 교내의 각종 고사 및 경시대회에 대비하도록 하였습니다.

STEP **5**

영재교육원 입시대비문제

영재교육원 입시에 대한 기출 문제를 비교 분석한 후 꼭 필요한 문제들을 정리하여 풀어봄으로써 실전과 같은 연습을 통해 학생들의 창의적 사고력을 향상시켜 실제 문제에 대비할 수 있게 하였습니다.

STEP **4**

왕중왕문제

국내 최고수준의 고난이도 문제들 특히 문제해결력 수준을 평가할 수 있는 양질의 문제만을 엄선하여 전국 경시대회, 세계수학올림피아드 등 수준 높은 대회에 나가서도 두려움 없이 문제를 풀 수 있게 하였습니다.

차례 | Contents

단원 **1** 세 자리 수 ——————————— 5쪽

단원 **2** 여러 가지 도형 ——————————— 27쪽

단원 **3** 덧셈과 뺄셈 ——————————— 53쪽

단원 **4** 길이 재기 ——————————— 81쪽

단원 **5** 분류하기 ——————————— 101쪽

단원 **6** 곱셈 ——————————— 121쪽

세 자리 수

1 백, 몇백 알아보기

2 세 자리 수와 자릿값 알아보기

3 뛰어 세기

4 수의 크기 비교하기

💬 이야기 수학

🏠 **세상에! 10까지도 세지 못하다니…**

■ 아직도 아주 작은 수밖에 셀 줄 모르는 사람들이 있다고 합니다. 어떤 원주민들은 1, 2라고 셀 수 있으나 3부터 무조건 '많다'라고 센다고 해요. 이 원주민들은 세 명이든 다섯 명이든 열 명이든 무조건 '많다'라고 할 것입니다. 또, 어떤 원주민들은 〈1, 2, 2와 1, 2와 2, 많다〉와 같이 수를 센다고 하는군요.

■ 작은 키로 유명한 아프리카의 피그미 족은 〈1-아, 2-오아, 3-우아, 4-오아 오아(2와 2), 5-오아 오아 애(2와 2와 1), 6-오아 오아 오아(2와 2와 2)〉와 같은 방법으로 셈을 한다고 합니다. 그것도 4까지 세는 사람은 드물고, 6까지 세는 사람은 거의 없다고 하니 놀라지 않을 수 없지요?

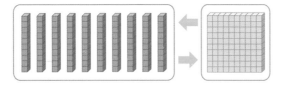 **90보다 10만큼 더 큰 수 알아보기**
- 90보다 10만큼 더 큰 수는 100입니다.
- 100은 백이라고 읽습니다.
- 10개씩 10묶음은 100입니다.
- 10이 10개이면 100입니다.

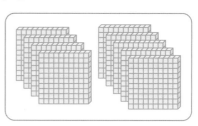 **몇백 알아보기**
100이 9개이면 900이라 쓰고, 구백이라고 읽습니다.

900, 구백

Jump 도우미

1 100원을 모으려면 10원짜리 동전을 몇 개 모아야 하나요?

> 10이 1개이면 10, 10이 2개이면 20, …입니다.

2 100은 97보다 얼마만큼 더 큰 수인가요?

3 서우는 1년 동안 책을 100권 읽기로 했습니다. 지금까지 70권을 읽었다면, 앞으로 몇 권의 책을 더 읽어야 하나요?

> 100은 70보다 30만큼 더 큰 수입니다.

4 효심이는 800원을 가지고 있었습니다. 그중에서 200원을 사용했다면, 효심이에게 남은 돈은 얼마인가요?

5 야구공이 한 상자에 10개씩 들어 있습니다. 30상자에는 야구공이 모두 몇 개 들어 있나요?

> 10이 10개이면 100, 10이 20개이면 200, 10이 30개이면 300입니다.

핵심 응용

기영이는 100원짜리 동전 5개와 10원짜리 동전 40개를 가지고 있습니다. 기영이가 가진 동전으로 300원짜리 지우개를 몇 개까지 살 수 있나요?

생각 열기 가지고 있는 동전을 100원짜리 동전의 수로 나타내 봅니다.

풀이 10원짜리 동전 40개는 ☐ 원이므로 100원짜리 동전 ☐ 개와 같습니다. 따라서 기영이가 가진 돈은 100원짜리 동전 ☐ 개와 같으므로 300원짜리 지우개를 ☐ 개까지 살 수 있습니다.

 답 _____

 확인 1 100이 2개, 10이 70개인 수는 100이 몇 개인 수와 같나요?

 확인 2 책상 위에 100원짜리 동전 7개와 10원짜리 동전 20개가 있습니다. 고운이가 한 손으로 100원짜리 동전 4개를 집었다면 책상 위에 남아 있는 돈은 얼마인가요?

 확인 3 준우는 돼지저금통을 열어 모은 돈이 얼마인지 알아보았습니다. 100원짜리 동전 2개, 50원짜리 동전 7개, 10원짜리 동전 26개였습니다. 모두 100원짜리 동전으로 바꾸면 100원짜리 동전은 몇 개가 되나요?

- 100이 4개, 10이 7개, 1이 8개이면 478이라 쓰고, 사백칠십팔이라고 읽습니다.
- 자릿값 알아보기

478에서
4는 백의 자리 숫자이고, 400을 나타냅니다.
7은 십의 자리 숫자이고, 70을 나타냅니다.
8은 일의 자리 숫자이고, 8을 나타냅니다.
➡ 478=400+70+8

백의 자리	십의 자리	일의 자리
4	7	8
4	0	0
	7	0
		8

Jump 도우미

❶ 568에서 숫자 6이 나타내는 값은 얼마인가요?

☆ 6은 십의 자리 숫자입니다.

❷ 100이 8개, 10이 15개, 1이 9개인 수는 얼마인가요?

☆ 10이 ■●개인 수는 100이 ■개, 10이 ●개인 수와 같습니다.

❸ □ 안에 알맞은 수를 써넣으세요.

983은 100이 □개, 10이 □개, 1이 □개인 수입니다.

❹ 백의 자리 숫자가 3, 십의 자리 숫자가 5, 일의 자리 숫자가 1인 수는 얼마인가요?

☆ 100이 ■개, 10이 ▲개, 1이 ●개인 수는 ■▲●로 나타낼 수 있습니다.

❺ 다음 수를 쓰고, 읽어 보세요.

100이 2개, 10이 23개, 1이 7개인 수

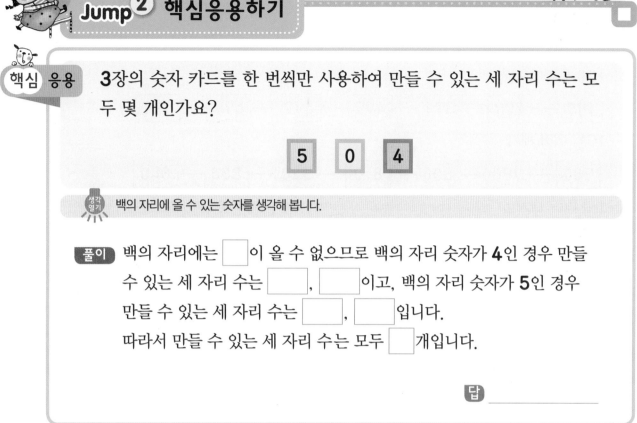

핵심 응용 3장의 숫자 카드를 한 번씩만 사용하여 만들 수 있는 세 자리 수는 모두 몇 개인가요?

5   0   4

생각열기 백의 자리에 올 수 있는 숫자를 생각해 봅니다.

풀이 백의 자리에는 ☐ 이 올 수 없으므로 백의 자리 숫자가 4인 경우 만들 수 있는 세 자리 수는 ☐, ☐ 이고, 백의 자리 숫자가 5인 경우 만들 수 있는 세 자리 수는 ☐, ☐ 입니다.
따라서 만들 수 있는 세 자리 수는 모두 ☐ 개입니다.

답 _____

확인 1 4장의 숫자 카드 3, 7, 5, 0 중 3장을 뽑아 만들 수 있는 세 자리 수는 모두 몇 개인가요?

확인 2 다음 중에서 숫자 7이 나타내는 값이 가장 큰 것부터 순서대로 기호를 쓰세요.

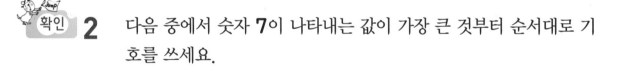

㉠ 179   ㉡ 732   ㉢ 957

확인 3 기영이는 매일 50원짜리 동전 2개와 10원짜리 동전을 4개씩 모으기로 하였습니다. 기영이가 일주일 동안 모은 돈은 얼마인가요?

- 100씩 뛰어 세기

| 199 | 299 | 399 | 499 | 599 | 699 | 799 |

- 10씩 뛰어 세기

| 780 | 790 | 800 | 810 | 820 | 830 | 840 |

- 1씩 뛰어 세기

| 993 | 994 | 995 | 996 | 997 | 998 | 999 |

➡ 999보다 1만큼 더 큰 수는 1000입니다. 1000은 천이라고 읽습니다.

① 300의 바로 앞의 수와 바로 뒤의 수를 각각 써 보세요.

바로 앞의 수 : (　　　　　　　)
바로 뒤의 수 : (　　　　　　　)

☆ 바로 앞의 수는 1만큼 더 작은 수, 바로 뒤의 수는 1만큼 더 큰 수입니다.

② 279와 281 사이의 수를 써 보세요.

③ 뛰어 세는 규칙을 찾아 □ 안에 알맞은 수를 써넣으세요.

515-520-□-□-535-540

④ 467에서 큰 쪽으로 10씩 3번 뛰어 센 수를 구해 보세요.

- 1씩 뛰어 세기 하면 일의 자리 숫자가 1씩 커집니다.
- 10씩 뛰어 세기 하면 십의 자리 숫자가 1씩 커집니다.
- 100씩 뛰어 세기 하면 백의 자리 숫자가 1씩 커집니다.

⑤ 다음은 몇씩 뛰어 세기를 했나요?

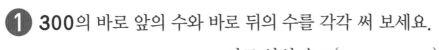

| 205 | 255 | 305 | 355 | 405 | 455 |

핵심 응용 뛰어 세는 규칙을 찾아 ㉠, ㉡, ㉢에 알맞은 수를 각각 구해 보세요.

$$636 - \boxed{㉠} - \boxed{㉡} - 696 - 716 - \boxed{㉢}$$

생각열기 몇씩 뛰어 세기 한 것인지 알아봅니다.

풀이 696에서 716이 되었으므로 ☐씩 뛰어 세기를 한 것입니다.

따라서 ㉠에 알맞은 수는 636에서 ☐만큼 뛰어 센 수인 ☐ ,

㉡에 알맞은 수는 ☐에서 ☐만큼 뛰어 센 수인 ☐ ,

㉢에 알맞은 수는 716에서 ☐만큼 뛰어 센 수인 ☐입니다.

답 _____

확인 1 지우는 하루에 **20**쪽씩 위인전을 읽습니다. 오늘까지 **120**쪽을 읽었다면 **4**일 후에는 몇 쪽까지 읽을 수 있나요?

확인 2 **100**이 **3**개, **10**이 **25**개, **1**이 **14**개인 수에서 큰 쪽으로 **30**씩 **5**번 뛰어 센 수를 구해 보세요.

확인 3 어떤 수보다 **10**만큼 더 큰 수는 **702**입니다. 어떤 수보다 **100**만큼 더 작은 수는 얼마인가요?

• 785와 324의 크기 비교
  백의 자리 숫자를 비교하여 785>324임을 알 수 있습니다.
• 645와 672의 크기 비교
  백의 자리 숫자가 같으면 십의 자리 숫자를 비교하여 645<672임을 알 수 있습니다.
• 372와 376의 크기 비교
  백의 자리와 십의 자리 숫자가 같으면 일의 자리 숫자를 비교하여 372<376임을 알 수 있습니다.
• 356, 408, 382의 크기 비교
  가장 큰 수는 408이고 가장 작은 수는 356입니다.

> Jump도우미

1 다음 □ 안에 >, <를 알맞게 써넣으세요.

(1) 925 ◯ 812   (2) 437 ◯ 431

> ★ 백의 자리와 십의 자리 숫자가 같으면 일의 자리 숫자끼리 크기를 비교합니다.

2 서우네 마당에 있는 나무의 키는 273 cm이고, 준우네 마당에 있는 나무의 키는 228 cm입니다. 누구네 마당에 있는 나무가 더 큰가요?

3 675보다 크고 683보다 작은 수를 모두 쓰세요.

> ★ ●보다 크고 ■보다 작은 수에 ●와 ■는 포함되지 않습니다.

4 세 자리 수 중에서 가장 큰 수와 가장 작은 수를 각각 써 보세요.

가장 큰 수 : (   )

가장 작은 수 : (   )

5 □ 안에 들어갈 수 있는 숫자에 모두 ◯표 하세요.

458 < □38   (1, 2, 3, 4, 5, 6)

> ★ 1에서 6까지의 수를 □ 안에 써넣어 봅니다.
>
> 세 자리 수끼리의 크기를 비교할 때 높은 자리의 숫자가 클수록 큰 수입니다.

 핵심 응용

유승이는 5장의 숫자 카드 0, 5, 3, 7, 8 을 가지고 있습니다. 5장의 숫자 카드 중 3장을 뽑아 세 자리 수를 만들 때, 500보다 크고 800보다 작은 수를 몇 개 만들 수 있나요?

💡 500보다 크고 800보다 작아야 하므로 백의 자리 숫자는 5와 7입니다.

풀이

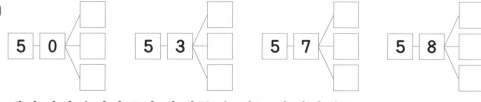

백의 자리 숫자가 **5**일 때 만들 수 있는 세 자리 수는

3+3+3+3=☐ 개이고, 백의 자리 숫자가 **7**일 때 만들 수 있는

세 자리 수도 ☐ 개입니다.

따라서 **500**보다 크고 **800**보다 작은 수를 ☐ + ☐ = ☐ (개) 만들 수 있습니다.

답 _____

 확인 **1** 395보다 크고 517보다 작은 수 중에서 십의 자리 숫자가 1인 수는 몇 개인가요?

 확인 **2** ☐ 안에 공통으로 들어갈 수 있는 숫자를 모두 써 보세요.

☐45>539　　2☐8<274

 확인 **3** 300보다 크고 320보다 작은 수 중에서 찾을 수 있는 숫자 0은 모두 몇 개인가요?

1 백의 자리 숫자가 **4**인 세 자리 수 중에서 숫자 **3**이 들어 있는 수는 모두 몇 개인 가요?

2 십의 자리 숫자가 **6**인 세 자리 수 중에서 둘째 번으로 작은 수를 큰 쪽으로 10씩 **12**번 뛰어 세면 얼마가 되나요?

3 다음은 고운이와 친구들이 모은 스티커 수인데 일부가 가려져 보이지 않습니다. 스티커를 가장 많이 모은 사람은 누구인가요?

고운	이안	기영	서우	준우
37□개	29□개	395개	3□4개	2□8개

4 ㉠과 ㉡에 공통으로 들어갈 수 있는 숫자들을 모두 구해 보세요.

$$㉠38 < 626, \ 657 > 6㉡9$$

5 4장의 숫자 카드 중 3장을 뽑아 만들 수 있는 세 자리 수 중에서 셋째 번으로 작은 수는 얼마인가요?

| 8 | 0 | 4 | 6 |

6 가장 큰 수부터 순서대로 기호를 쓰세요.

> ㉠ 100이 5개인 수
> ㉡ 10이 50개, 1이 47개인 수
> ㉢ 632보다 100만큼 더 작은 수
> ㉣ 100이 4개, 10이 6개, 1이 7개인 수

7 다음 숫자 카드 **5**장 중 **3**장을 뽑아 세 자리 수를 만들려고 합니다. 만들 수 있는 세 자리 수는 모두 몇 개인가요?

$$3 \quad 1 \quad 5 \quad 0 \quad 7$$

8 효근이는 돼지저금통을 열어 모은 돈이 얼마인지 알아보았습니다. **100**원짜리 동전 **2**개, **50**원짜리 동전 **9**개, **10**원짜리 동전 **28**개였습니다. 모두 **100**원짜리 동전으로 바꾸면 **100**원짜리 동전은 몇 개가 되나요?

9 **100**보다 크고 **500**보다 작은 세 자리 수 중에서 십의 자리 숫자가 일의 자리 숫자보다 **3**만큼 더 큰 수는 모두 몇 개인가요?

10 다음과 같이 숫자 카드가 **5**장 있습니다. 이 중 **3**장을 뽑아 세 자리 수를 만들 때, **400**보다 크고 **700**보다 작은 수를 몇 개 만들 수 있나요?

$$\boxed{0} \quad \boxed{3} \quad \boxed{4} \quad \boxed{6} \quad \boxed{7}$$

11 백의 자리 숫자가 **3**인 세 자리 수 중에서 셋째 번으로 큰 수부터 10씩 큰 쪽으로 15번 뛰어 세면 얼마가 되나요?

12 **493**보다 크고 **650**보다 작은 세 자리 수 중에서 십의 자리 숫자와 일의 자리 숫자가 같은 수는 모두 몇 개인가요?

13 □ 안에는 모두 같은 숫자가 들어갑니다. 가장 큰 수를 찾아 기호를 쓰세요.

ㄱ 5□2   ㄴ 49□   ㄷ 50□

14 □ 안에 알맞은 수를 써넣으세요.

100이 6개, 10이 25개, 1이 43개인 수는 100이 □ 개인 수보다 7만큼 더 작은 수입니다.

15 규칙을 찾아 □ 안에 알맞은 수를 써넣으세요.

100 — 900 — 200 — 800 — □ — 700 — 400 — □

1단원

16 세 장의 숫자 카드 가, 나, 다 에는 각각 서로 다른 숫자가 적혀 있습니다.
이 **3**장의 숫자 카드로 세 자리 수를 만들어 크기를 비교했더니 다음과 같았습니다.
만들 수 있는 세 자리 수 중 가장 큰 수를 가, 나, 다 를 사용하여 나타내어 보
세요.

가 다 나 > 나 다 가, 다 나 가 > 가 나 다

17 일정한 간격으로 뛰어 세기 하여 수를 늘어놓은 것입니다. **가**에서 큰 쪽으로
20씩 **4**번 뛰어 세기 한 수는 얼마인가요?

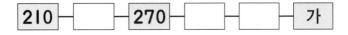

210 — ⬜ — 270 — ⬜ — ⬜ — 가

18 일정하게 뛰어 세기하여 수를 늘어놓았습니다. ㉡이 ㉠보다 **240**만큼 더 크다면
㉡은 얼마인가요?

㉠ — ⬜ — 467 — ⬜ — ㉡

1 유승이는 세 자리 수를 만들려고 합니다. 십의 자리 숫자는 일의 자리 숫자보다 **2**만큼 더 크고, 백의 자리 숫자도 십의 자리 숫자보다 **2**만큼 더 크도록 할 때, 유승이가 만들 수 있는 세 자리 수는 모두 몇 개인가요?

2 다음 세 가지 조건을 모두 만족하는 수는 몇 개인지 구해 보세요.

> • 세 자리 수입니다.
> • 백의 자리 숫자는 일의 자리 숫자보다 **1**만큼 더 큽니다.
> • 일의 자리 숫자를 **가**, 십의 자리 숫자를 **나**, 백의 자리 숫자를 **다**라고 할 때 **가+다=나**입니다.

3 376보다 크고 514보다 작은 수 중에서 백의 자리 숫자가 십의 자리 숫자보다 큰 수는 모두 몇 개인가요?

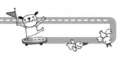

4 다음은 학생들이 가지고 있는 구슬의 수를 나타낸 표입니다. 구슬을 가장 많이 가지고 있는 학생은 서우이고 그다음 효심, 미루, 준우, 지혜 순으로 많이 가지고 있습니다. 준우는 구슬을 몇 개까지 가질 수 있나요?

사람	미루	준우	효심	서우	지혜
구슬 수(개)	2□2		28□	283	267

5 다음 조건을 모두 만족하는 세 자리 수는 몇 개인지 구해 보세요.

> • 서로 다른 세 숫자로 이루어져 있습니다.
> • 일의 자리 숫자는 십의 자리 숫자보다 2만큼 더 작습니다.
> • 백의 자리 숫자는 십의 자리 숫자보다 1만큼 더 큽니다.

6 5장의 숫자 카드 0 , 2 , 2 , 5 , 7 중 3장을 뽑아 만들 수 있는 서로 다른 세 자리 수는 모두 몇 개인가요?

7 427보다 크고 651보다 작은 수 중에서 백의 자리 숫자와 일의 자리 숫자의 합이 십의 자리 숫자보다 작은 수는 몇 개인가요?

8 어떤 수에 대한 설명입니다. 어떤 수는 얼마인가요?

> • 어떤 수는 742보다 크고, 759보다 작습니다.
> • 백의 자리 숫자와 일의 자리 숫자의 합은 14입니다.
> • 백의 자리 숫자보다 십의 자리 숫자가 2만큼 더 작습니다.

9 다음은 비밀의 방에 적혀 있는 암호입니다. 방을 빠져나가기 위해서는 암호의 조건에 맞는 수를 모두 구해야 합니다. 방을 빠져나가기 위해 필요한 수는 모두 몇 개인가요?

> • 세 자리 수입니다.
> • 백의 자리 숫자는 7보다 작습니다.
> • 십의 자리 숫자는 일의 자리 숫자를 두 번 더한 것과 같습니다.
> • 백의 자리 숫자와 일의 자리 숫자의 합은 5입니다.

10 300보다 크고 600보다 작은 세 자리 수 중에서 백의 자리 숫자와 십의 자리 숫자와 일의 자리 숫자의 합이 **8**인 수는 모두 몇 개인가요?

11 **590**보다 크고 **990**보다 작은 세 자리 수 중에서 십의 자리 숫자가 백의 자리 숫자와 일의 자리 숫자의 합과 같은 수는 몇 개인가요?

12 다음과 같이 수를 규칙적으로 늘어놓았습니다. 늘어놓은 세 자리 자연수는 모두 몇 개인가요?

> 125, 145, 165, 185, ⋯, 505, 525

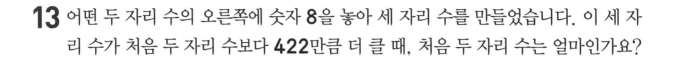

13 어떤 두 자리 수의 오른쪽에 숫자 8을 놓아 세 자리 수를 만들었습니다. 이 세 자리 수가 처음 두 자리 수보다 **422**만큼 더 클 때, 처음 두 자리 수는 얼마인가요?

14 유승이는 자기만의 비밀 금고가 있습니다. 이 비밀 금고의 암호는 다음과 같은 조건에 따라 만들었습니다. ☐ 안을 채워 암호를 구해 보세요.

> • 세 자리 수 **5**개로 만들었습니다.
> • **70**씩 뛰어 세기를 하였습니다.

4☐☐ - ☐☐7 - 5☐☐ - ☐6☐ - ☐☐7

15 세 자리 수 ㄱㄴㄷ이 있습니다. ㄴ과 ㄱ의 차는 ㄷ과 ㄴ의 차와 같습니다. 또한, ㄷ은 ㄴ보다 크고, ㄴ은 ㄱ보다 큽니다. 이러한 세 자리 수는 모두 몇 개인가요?

16 다음 조건을 모두 만족하는 세 자리 수 중에서 셋째로 큰 수는 얼마인가요?

> • 일의 자리 숫자는 십의 자리 숫자보다 1만큼 더 작습니다.
> • 각 자리의 숫자의 합은 15입니다.

17 1부터 9까지의 숫자 중에서 ㉠, ㉡, ㉢에 알맞은 숫자로 가장 작은 세 자리 수를 만들 때, 가장 작은 세 자리 수는 얼마인가요? (단, ㉠, ㉡, ㉢은 같은 숫자여도 됩니다.)

> ㉠64 > 86㉡ > ㉢68 > 777

18 1부터 8까지의 숫자가 써 있는 숫자 카드가 8장 있습니다. 서준이와 유은이는 4장씩 나누어 가진 다음 3장을 골라 한 번씩 사용하여 세 자리 수를 만들려고 합니다. 나누어 가진 숫자 카드로 서준이가 만들 수 있는 가장 큰 세 자리 수는 752 라고 할 때, 유은이가 만들 수 있는 다섯 째로 큰 세 자리 수는 얼마인가요?

1 다음 네 가지 조건을 만족하는 세 자리 수는 모두 몇 개인지 구해 보세요.

> · 백의 자리 숫자는 **5**보다 큽니다.
>
> · **880**보다 작습니다.
>
> · 십의 자리 숫자는 **5**보다 작습니다.
>
> · 일의 자리 숫자는 십의 자리 숫자보다 **2**만큼 더 큽니다.

2 1에서 **300**까지의 수를 모두 쓸 때, 쓰여진 숫자 0의 개수는 모두 몇 개인가요?

단원 **2** 여러 가지 도형

1 삼각형을 알아보고 찾기

2 사각형을 알아보고 찾기

3 원을 알아보고 찾기

4 칠교판으로 모양 만들기

5 쌓은 모양 알아보기

6 여러 가지 모양으로 쌓아 보기

💬 **이야기 수학**

🏠 **도형은 친근한 이웃**

생활 속에서 여러 가지 도형을 접할 수 있기 때문에 도형은 매우 친근한 이웃과 같다고 할 수 있어요.

○ 모양이 있는 경우는 시계, 동전, 캔 음료, 냄비, 컵, 자동차의 바퀴 등이 있고, △ 모양이 있는 경우는 교통 표지판, 트라이앵글, 삼각자, 삼각 김밥 등이 있지요. 또한 □ 모양이 경우는 책, 스마트 폰, TV, 컴퓨터 모니터, 냉장고, 현관문 등이 있습니다.

이와 같이 우리 주변에서 여러 가지 도형을 찾아볼 수 있으니 도형은 우리와 친근한 이웃이라 해도 되겠지요.

◈ 그림과 같은 모양의 도형을 삼각형이라고 합니다.

◈ 삼각형의 특징

① 곧은 선 **3**개로 둘러싸여 있습니다.
② 꼭짓점이 **3**개 있습니다.
③ 변이 **3**개 있습니다.

1 □ 안에 알맞은 말을 써넣으세요.

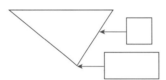

2 도형에서 꼭짓점은 모두 몇 개인가요?

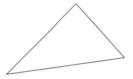

삼각형은 꼭짓점이 몇 개인
지 생각합니다.

3 **2**번의 도형에서 변은 모두 몇 개인가요?

4 점 종이 위에 서로 다른 삼각형을 **2**개 그려 보세요.

☆ 삼각형은 곧은 선 3개로 둘러
싸여 있습니다.

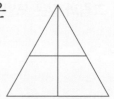

2
단원

핵심 응용

오른쪽 그림에서 찾을 수 있는 크고 작은 삼각형은 모두 몇 개인가요?

생각
열기 **1칸, 2칸, 4칸으로 이루어진 삼각형의 개수를 세어 봅니다.**

풀이 1칸으로 이루어진 삼각형 △ 모양은 ☐ 개, ◺ 모양은 ☐ 개 이므로

모두 ☐ 개이고, 2칸으로 이루어진 삼각형 △ 모양은 ☐ 개, ◸ 모양

은 ☐ 개, ◹ 모양은 ☐ 개이므로 모두 ☐ 개이고, 4칸으로 이루어진

△ 모양은 ☐ 개입니다.

따라서 찾을 수 있는 크고 작은 삼각형은 모두

☐ + ☐ + ☐ = ☐ (개)입니다.

답 _____

확인 1 점들 중에서 세 점을 곧은 선으로 이어서 만들 수 있는 삼각형은 모두 몇 개인가요?

확인 2 다음 도형은 삼각형이 아닙니다. 그 이유를 써 보세요.

◈ 그림과 같은 모양의 도형을 사각형이라고 합니다.

◈ 사각형의 특징

꼭짓점   변

① 곧은 선 **4**개로 둘러싸여 있습니다.
② 꼭짓점이 **4**개 있습니다.
③ 변이 **4**개 있습니다.

Jump 도우미

1 □ 안에 알맞은 말을 써넣으세요.

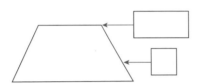

☆ 변 : 도형을 둘러싸고 있는 곧은선
꼭짓점 : 변과 변이 만나는 점

2 도형에서 꼭짓점은 모두 몇 개인가요?

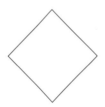

3 **2**번의 도형에서 변은 모두 몇 개인가요?

4 점 종이 위에 서로 다른 사각형을 **2**개 그려 보세요.

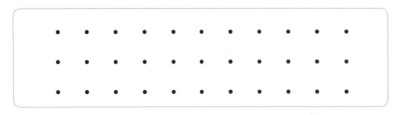

☆ 사각형은 곧은 선 **4**개로 둘러싸여 있습니다.

Jump ❷ 핵심응용하기

핵심 응용 오른쪽 그림에서 찾을 수 있는 크고 작은 사각형은 모두 몇 개인가요?

생각 열기 ☐ 모양, ☐☐ 모양 외에도 다른 모양의 사각형을 생각해 봅니다.

풀이 1칸으로 이루어진 사각형 ☐ 모양은 ☐ 개이고,

2칸으로 이루어진 사각형 ☐☐ 모양은 ☐ 개, ☐ 모양은 ☐ 개이므로

모두 ☐ 개이고, 4칸으로 이루어진 사각형 ☐☐ 모양은 ☐ 개입니다.

따라서 찾을 수 있는 크고 작은 사각형은 모두

☐ + ☐ + ☐ = ☐ (개)입니다.

답 _____

 1 그림과 같이 색종이를 점선을 따라 자르면 어떤 도형이 몇 개 생기나요?

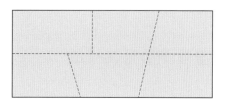

 2 도형 중에서 사각형은 모두 몇 개인가요?

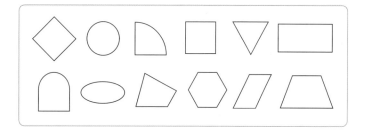

 3 그림에서 찾을 수 있는 크고 작은 사각형은 모두 몇 개인가요?

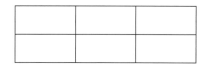

⊘ 그림과 같은 모양의 도형을 원이라고 합니다.

⊘ 원의 특징
① 어느 쪽에서 보아도 똑같이 동그란 모양입니다.
② 뾰족한 부분이 없습니다.
③ 곧은 선이 없습니다.
④ 크기는 달라도 모양은 같습니다.

1 원에 대한 설명으로 옳은 것은 어느 것인가요?
① 곧은 선이 **1**개입니다.
② 뾰족한 부분이 있습니다.
③ 모든 원은 크기와 모양이 같습니다.
④ 수학책의 본을 떠 그린 모양입니다.
⑤ 어느 쪽에서 보아도 똑같이 동그란 모양입니다.

☆ 동그란 모양의 도형을 원이라고 합니다.

2 그림에서 원을 찾아 색칠해 보세요.

☆ ⬭는 원이 아닙니다.

3 그림에서 원은 몇 개 사용하였나요?

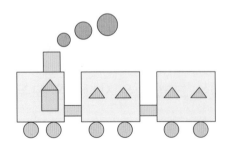

주의 표시를 하면서 세어 빠뜨리거나 반복하여 세지 않도록 합니다.

2
단원

  핵심 응용 오른쪽 그림에서 찾을 수 있는 원은 모두 몇 개 인가요?

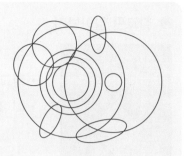

생각 열기 동그란 모양의 도형을 원이라 합니다.

풀이 동그란 모양의 도형을 □ 이라 하므로 동그란 모양이 아닌 도형은 세지 않습니다. 동그란 모양이 아닌 도형은 □ 개이고, 동그란 모양의 도형은 □ 개이므로 원은 □ 개입니다.

답 _____

 1 오른쪽 그림에서 찾을 수 있는 원은 모두 몇 개인 가요?

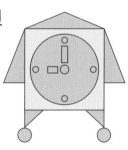

 2 오른쪽 그림은 원을 4개로 똑같이 나눈 것 중의 하나 입니다. 이 모양을 겹치지 않게 이어 붙여 원을 5개 만들려면, 이 모양은 몇 개가 필요한가요?

칠교판 알아보기

- 칠교판은 삼각형 **5**개, 사각형 **2**개로 이루어져 있습니다.
- 칠교판의 조각은 모두 **7**개입니다.
- 이 조각들을 이용하여 여러 가지 모양을 만들 수 있습니다.

Jump 도우미

1 다음 두 조각을 이용하여 사각형 **l**개를 만들어 보세요.

2 다음 세 조각을 이용하여 삼각형 **l**개를 만들어 보세요.

⭐ 파란색 모양 두 개로 빨간색 모양 한 개를 만들 수 있습니다.

3 칠교판의 네 조각을 이용하여 다음 모양을 만들어 보세요.

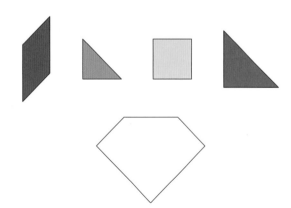

⭐ 길이가 같은 변을 찾아 맞대어 보며 생각합니다.

 핵심 응용

칠교판에서 네 조각을 선택하여 주어진 도형을 만들려고 합니다. 어떤 조각들을 선택해야 하는지 써 보세요. (단, 주어진 도형은 파란색 조각 6개로 만들 수 있는 모양입니다.)

💡 **생각 열기** 주어진 도형을 파란색 조각 6개로 채운 뒤 생각합니다.

풀이

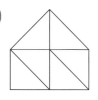

왼쪽 그림과 같이 그려 놓고 칠교판에서 네 조각을 선택하여 채우는 것을 생각합니다.

따라서 필요한 조각은 노란색 ⬜ 개, 보라색 ⬜ 개,

파란색 ⬜ 개인 경우와 노란색 ⬜ 개 빨간색 ⬜ 개,

파란색 ⬜ 개인 경우와 보라색 ⬜ 개, 빨간색 ⬜ 개,

파란색 ⬜ 개인 경우가 있습니다.

답 _____

_____

 1 칠교판에서 네 조각을 선택하여 다음 모양을 만들어 보세요. (단, 주어진 도형은 파란색 조각 6개로 만들 수 있는 모양입니다.)

 2 칠교판에서 여섯 조각을 선택하여 다음 모양을 만들어 보세요. (단, 주어진 도형은 파란색 조각 14개로 만들 수 있는 모양입니다.)

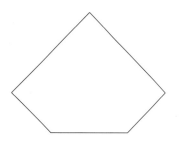

쌓기나무로 쌓은 모양을 보고 전체 모양, 쌓기나무의 위치, 쌓기나무의 개수 등을 관찰하여 쌓은 모양과 똑같이 쌓아 봅니다.

1 쌓은 모양을 보고 쌓기나무의 개수가 <u>다른</u> 것을 찾아 기호를 쓰세요.

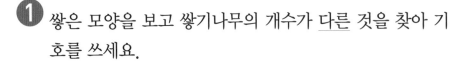

쌓은 전체 모양, 위치, 개수 등을 관찰해 봅니다.

2 쌓기나무 ㉠의 오른쪽에 있는 쌓기나무에 ○표, 앞에 있는 쌓기나무에 △표 하세요.

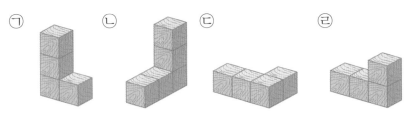

3 예슬이는 석기가 쌓은 모양과 똑같이 쌓기나무를 쌓으려고 합니다. 몇 개를 더 쌓아야 하나요?

석기가 쌓은 모양과 예슬이가 쌓은 모양을 비교하여 다른 부분이 어디인지 찾아봅니다.

석기

예슬

핵심 응용

서우는 쌓기나무 **20**개를 가지고 있습니다. 쌓기나무로 다음과 같은 **2**개의 모양을 만든다면 서우에게 남는 쌓기나무는 몇 개인가요?

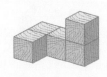 

생각
열기   먼저 쌓기나무의 개수를 세어봅니다.

풀이   왼쪽에 있는 모양을 만드는 데 사용할 쌓기나무의 개수는 ☐ 개이고,
오른쪽에 있는 모양을 만드는 데 사용할 쌓기나무의 개수는 ☐ 개입니다.
따라서 서우에게 남는 쌓기나무는 20 − ☐ − ☐ = ☐ (개)입니다.

답 _____

 1   왼쪽 모양에서 쌓기나무 한 개를 움직여서 오른쪽 모양과 똑같게 만들려고 합니다. 움직여야 하는 쌓기나무의 번호를 쓰세요.

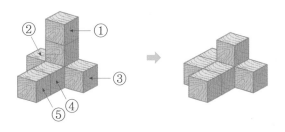

 2   오른쪽 모양을 보고 똑같이 쌓기나무를 쌓으려고 합니다. 쌓기나무는 몇 개가 필요한가요?

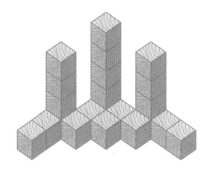

◉ 쌓기나무 **3**개, **4**개로 여러 가지 모양 쌓기

◉ 쌓기나무 **5**개로 여러 가지 모양 쌓기

Jump도우미

1 쌓은 모양을 보고 공통점을 찾아 쓰세요.

2 다음 중 쌓기나무 **4**개로 쌓은 모양이 <u>아닌</u> 것은 어느 것인가요?

☆ 각각의 쌓기나무의 개수를 세어 봅니다.

① 　② 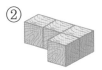　③

④ 　⑤

3 오른쪽 그림은 쌓기나무를 앞에서 본 그림입니다. 알맞은 쌓기나무를 찾아 ○표 하세요.

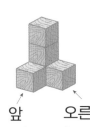　　　　　　　　

앞　　오른쪽　　앞　　오른쪽　　앞　　오른쪽
(　　)　　　　(　　)　　　　(　　)

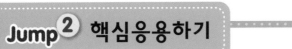
 유승이와 준우는 쌓기나무를 각각 **18**개씩 가지고 있습니다. 가지고 있는 쌓기나무를 모두 사용하여 유승이는 한 층에 **6**개씩 쌓았고, 준우는 한 층에 **9**개씩 쌓았습니다. 누가 몇 층 더 높게 쌓았나요?

💡 각각 몇 층씩 쌓았는지 알아봅니다.

풀이 유승이는 한 층에 **6**개씩 쌓았고 **6+6+6**=☐이므로 모두 ☐층을 쌓았습니다.

준우는 한 층에 **9**개씩 쌓았고 **9+9**=☐이므로 모두 ☐층을 쌓았습니다.

따라서 유승이가 ☐-☐=☐(층) 더 쌓았습니다.

답 _____

 1 쌓은 모양을 보고 쌓기나무를 가장 많이 사용하여 만든 것부터 순서대로 기호를 쓰세요. (단, 뒤쪽의 보이지 않는 곳에는 쌓기나무가 없습니다.)

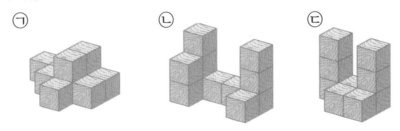

ㄱ   ㄴ   ㄷ

2 오른쪽 그림과 같이 쌓기나무를 쌓은 후 겉면에 페인트를 칠했습니다. 몇 개의 면을 칠했는지 구해 보세요. (단, 바닥에 닿는 면은 칠하지 않았습니다.)

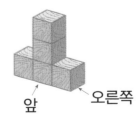

앞   오른쪽

1 오른쪽 그림에서 삼각형, 사각형, 원 중에서 가장 많이 사용한 도형과 가장 적게 사용한 도형의 개수의 합을 구해 보세요.

2 상자 모양에서는 사각형 **6**개를 볼 수 있습니다. 상자 모양의 나무 도막을 오른쪽 그림과 같이 선을 따라 위에서 아래로 반듯하게 잘랐습니다. 잘라서 생긴 두 모양에서 볼 수 있는 삼각형과 사각형의 개수를 각각 구해 보세요.

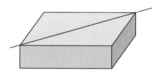

3 그림에서 찾을 수 있는 크고 작은 삼각형은 모두 몇 개인가요?

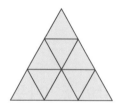

4 오른쪽 그림과 같이 **5**개의 점이 있습니다. 이 점들 중에서 세 점을 곧은 선으로 이어서 만들 수 있는 삼각형은 모두 몇 개인가요?

5 그림에서 찾을 수 있는 크고 작은 삼각형은 모두 몇 개인가요?

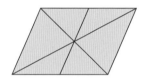

6 다음 그림에서 찾을 수 있는 크고 작은 사각형은 모두 몇 개인가요?

7 오른쪽 그림에서 찾을 수 있는 서로 다른 크기의 사각형은 모두 몇 가지인가요?
(단, 돌리거나 뒤집어서 포개어지면 한 가지로 봅니다.)

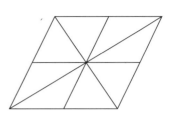

8 오른쪽 사각형 모양의 종이에 삼각형 모양이 가장 많이 나오도록 곧은 선 **3**개를 그리고 곧은 선을 따라 잘랐습니다. 자른 삼각형 모양은 모두 몇 개인가요?

9 [그림 1]에서 가장 많이 사용한 도형의 개수와 [그림 2]에서 가장 많이 사용한 도형의 개수의 차는 몇 개인가요?

[그림 1]

[그림 2]

10 변의 길이가 서로 같은 사각형 **1**개와 삼각형 **2**개가 있습니다. 이 세 개의 도형을 변끼리 이어 만든 도형을 모두 그려 보세요. (단, 돌리거나 뒤집어서 같은 모양은 한 종류로 생각합니다.)

11 오른쪽 그림에서 찾을 수 있는 사각형 중에서 ♣를 포함한 사각형은 모두 몇 개인가요?

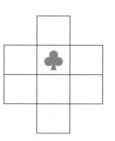

12 보기 와 같이 주머니에 도형을 넣으면 도형의 변의 수를 모두 더한 값을 보여 주는 요술 주머니가 있습니다. 요술 주머니 안에 삼각형, 사각형, 원을 합해서 **7**개 넣었더니 **21**이 나왔습니다. 주머니 안에 넣은 삼각형의 수를 ㉠, 사각형의 수를 ㉡, 원의 수를 ㉢이라고 할 때, 세 자리 수 ㉠㉡㉢을 구하면 얼마인가요? (단, 삼각형, 사각형, 원은 적어도 한 개씩 들어갑니다.)

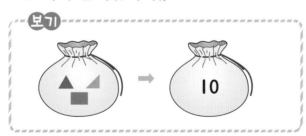

13 쌓기나무를 떨어지지 않게 면과 면끼리 붙여 놓은 모양입니다. 여러 방향으로 돌리거나 눕혀 보았을 때 서로 같은 모양이 되는 것을 모두 찾아 기호를 쓰세요.

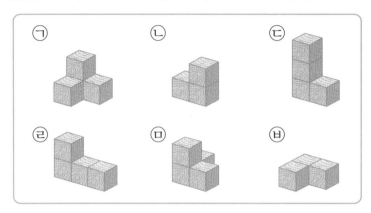

14 다음 중 쌓기나무 **7**개로 쌓은 모양이 <u>아닌</u> 것은 어느 것인가요? (단, 뒤쪽의 보이지 않는 곳에는 쌓기나무가 없습니다.)

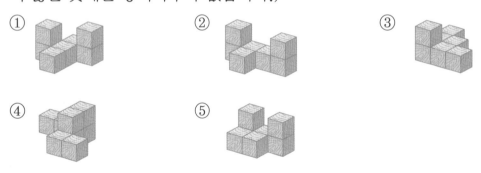

15 왼쪽 모양에서 몇 개의 쌓기나무를 빼내어 오른쪽 모양과 똑같이 만들려고 합니다. 빼내야 할 쌓기나무를 찾아 그림에 모두 ○표 하세요.

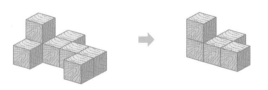

16 오른쪽과 같은 규칙으로 쌓기나무를 쌓아갈 때 여덟 째 번에 필요한 쌓기나무는 몇 개인가요?

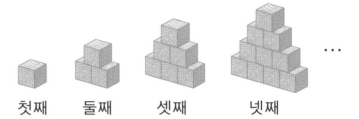

첫째   둘째   셋째   넷째

17 오른쪽 모양과 같이 쌓기나무를 쌓으려고 합니다. ㉠ 모양 2개, ㉡ 모양 3개를 만든다면 쌓기나무는 모두 몇 개 필요한가요?
(단, 뒤쪽의 보이지 않는 곳에는 쌓기나무가 없습니다.)

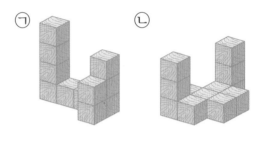

18 다음 그림과 같이 차례대로 앞에서 보이는 면에 수를 쓰면서 쌓기나무를 쌓았습니다. 다섯째 번 모양의 쌓기나무에 써야 할 수 중에서 가장 큰 수는 무엇인가요?

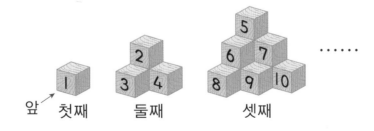

앞   첫째   둘째   셋째

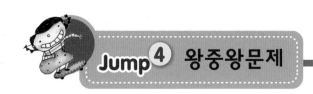
1 오른쪽 그림과 같은 색종이를 점선을 따라 자르면 삼각형
과 사각형 중 어떤 도형이 몇 개 더 많이 생기나요?

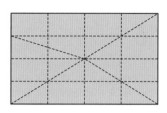

2 다음 점들을 이어 곧은 선을 만들려고 합니다. 만들 수 있는 곧은 선은 모두 몇 개
인가요?

3 오른쪽 그림에서 찾을 수 있는 크고 작은 삼각형은 모두 몇
개인가요?

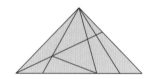

4 오른쪽 사각형 모양의 색종이에 곧은 선 **4**개를 그은 후 그은 선을 따라 오려서 조각을 만들려고 합니다. 조각 수를 가장 많게 한 경우 몇 조각이 되나요?

5 오른쪽 점 종이에서 점과 점을 연결하여 세 개의 점을 꼭짓점으로 하는 삼각형을 그릴 때 모두 몇 개 그릴 수 있나요?

6 오른쪽과 같은 점 종이 위에 점을 이어 삼각형을 그릴 때, 모양이 다른 삼각형을 몇 가지 그릴 수 있나요?
　　(단, 돌리거나 뒤집어서 포개어진 모양은 한가지로 봅니다.)

7 오른쪽 그림에서 찾을 수 있는 크고 작은 사각형은 모두 몇 개인가요?

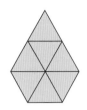

8 오른쪽 그림과 같이 점 종이 위에 점 **3**개를 이어 삼각형을 그렸습니다. 이 삼각형과 똑같은 삼각형을 그린다면 몇 개를 더 그릴 수 있나요?

9 다음 그림에서 찾을 수 있는 크고 작은 삼각형은 모두 몇 개인가요?

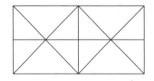

10 다음 그림에서 색칠한 사각형을 포함하는 크고 작은 사각형은 모두 몇 개인가요?

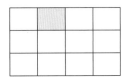

11 크기가 같은 사각형 모양의 종이를 다음과 같이 맨 위층이 **4**장이 되도록 규칙적으로 늘어놓았습니다. **3**층에 놓인 사각형 모양의 종이가 **16**장이라면 사용한 사각형 모양의 종이는 모두 몇 장인가요?

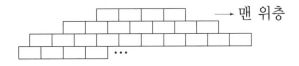

12 성냥개비를 사용하여 오른쪽과 같은 모양을 만들었습니다. 이 모양에서 찾을 수 있는 크고 작은 사각형 모양은 모두 몇 개인가요?

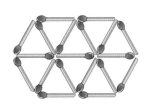

13 오른쪽과 같이 상자 모양의 나무 도막을 선을 따라 위에서 아래로 반듯하게 잘랐습니다. 잘라서 생긴 **6**개의 나무 도막에서 볼 수 있는 사각형과 삼각형 개수의 차를 구해 보세요.

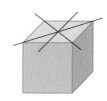

14 다음 점 종이의 점들을 이어 네 변의 길이가 같은 사각형을 만들 때, 만들 수 있는 사각형의 종류는 모두 몇 가지인가요? (단, 돌리거나 뒤집어서 포개어진 모양은 한 가지로 봅니다.)

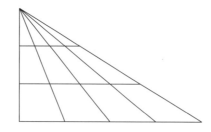

15 다음 도형에서 찾을 수 있는 크고 작은 삼각형은 모두 몇 개인가요?

16 오른쪽 그림과 같이 쌓기나무를 상자 모양으로 쌓은 후, 겉면에 물감을 칠했습니다. 물감이 한 면도 칠해지지 않은 쌓기나무는 몇 개인가요? (단, 바닥에 닿는 면은 칠하지 않았습니다.)

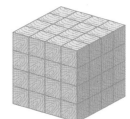

2
단원

17 규칙에 따라 쌓기나무를 쌓으려고 합니다. 쌓기나무 **21**개가 사용된 모양은 몇째 번인가요?

첫째　　　둘째　　　셋째

18 오른쪽 그림과 같이 **7**개의 쌓기나무를 쌓은 다음 겉면에 물감을 칠하려고 합니다. 물감이 칠해지지 않는 면은 모두 몇 개인가요?
(단, 바닥에 닿는 면은 칠하지 않습니다.)

1 그림에서 찾을 수 있는 크고 작은 사각형은 모두 몇 개인가요?

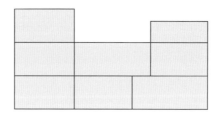

2 다음 도형을 곧은 선으로 두 번 잘라서 삼각형 **2**개와 사각형 **1**개를 만들 수 있는 방법은 모두 몇 가지인가요?

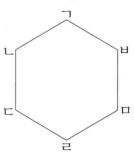

덧셈과 뺄셈

1 받아올림이 있는 (두 자리 수)+(한 자리 수)

2 받아올림이 있는 (두 자리 수)+(두 자리 수)

3 받아내림이 있는 (두 자리 수)−(한 자리 수)

4 받아내림이 있는 (두 자리 수)−(두 자리 수)

5 세 수의 계산

6 덧셈과 뺄셈의 관계를 식으로 나타내기

7 □가 사용된 식을 만들고 □의 값 구하기

💬 이야기 수학

🏠 **옛날에는 어떤 도구를 이용하여 계산했을까?**

지금은 전자계산기나 컴퓨터를 이용하면 누구나 쉽게 계산을 할 수 있습니다.

그렇지만 옛날에는 계산하는게 쉽지 않아, 계산만 잘하면 얼마든지 돈을 벌 수 있었다고 합니다.

옛날의 계산 도구 가운데 대표적인 것은 고대 그리스나 로마에서 사용되었던 '아바쿠스'로,

이것이 나중에 동양으로 전해져 중국의 '산반', 우리 나라의 '주판'이 되었다고 합니다.

아바쿠 스   산반   주판

로마   중국   한국

① 수의 자리를 맞추어 씁니다.
② 일의 자리부터 십의 자리 순으로 계산합니다.
③ 일의 자리 숫자끼리 더하여 10이거나 10보다 크면 십의 자리에 1을 써서 받아올림 표시로 나타냅니다.

1 □ 안에 알맞은 수를 써넣으세요.

(1) $27+6=27+3+\boxed{}=\boxed{}$

(2) $35+9=30+\boxed{}+\boxed{}=30+\boxed{}=\boxed{}$

일의 자리에서 받아올림한 수 1은 실제로 10을 나타냅니다.

2 유승이는 동화책을 65쪽까지 읽었습니다. 다 읽으려면 7쪽을 더 읽어야 합니다. 동화책은 모두 몇 쪽인가요?

일의 자리 숫자끼리의 합이 10이거나 10보다 크면 십의 자리로 받아올림합니다.

3 고운이는 할머니와 지난 일요일에 감자를 캤습니다. 할머니는 27개, 고운이는 9개를 캤습니다. 두 사람이 캔 감자는 모두 몇 개인가요?

4 □ 안에 알맞은 숫자를 써넣으세요.

(1)
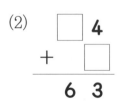

(2) $\begin{array}{r}\boxed{}\ 4 \\ +\ \boxed{} \\ \hline 6\ 3\end{array}$

$4+\boxed{}=3$이 되는 □는 구할 수 없으므로 십의 자리에 받아올림 한 경우입니다.

핵심 응용 1부터 9까지의 수 중에서 □ 안에 들어갈 수 있는 수를 모두 써 보세요.

$$28 + □ < 31$$

 생각열기 28+□=31을 만족하는 □의 값을 먼저 구해 봅니다.

풀이 28+□=31을 만족하는 □의 값은 □ 이므로 □ 안에는 □ 보다 작은 수가 들어가야 합니다.

따라서 □ 안에 들어갈 수 있는 수는 □, □ 입니다.

답 _____

3 단원

 확인 **1** 1부터 9까지의 수 중에서 □ 안에 들어갈 수 있는 가장 작은 수는 얼마인가요?

$$46 + □ > 52$$

 확인 **2** 지혜는 과수원에서 포도를 8송이 땄는데, 아버지는 지혜보다 15송이 더 많이 땄습니다. 두 사람이 딴 포도는 모두 몇 송이인가요?

 확인 **3** 준우, 소미, 유승이는 구슬을 가지고 있습니다. 유승이가 가지고 있는 구슬은 몇 개인가요?

> 준우 : 4개만 있으면 30개야.
> 소미 : 준우보다 9개 더 많아.
> 유승 : 소미보다 7개 더 많아.

● 일의 자리에서 받아올림이 있는 덧셈

$$\begin{array}{r} 3\,8 \\ +\,2\,5 \\ \hline \end{array} \rightarrow \begin{array}{r} 3\,8 \\ +\,2\,5 \\ \hline 3 \end{array} \rightarrow \begin{array}{r} 3\,8 \\ +\,2\,5 \\ \hline 6\,3 \end{array}$$

● 십의 자리에서 받아올림이 있는 덧셈

$$\begin{array}{r} 7\,3 \\ +\,5\,2 \\ \hline \end{array} \rightarrow \begin{array}{r} 7\,3 \\ +\,5\,2 \\ \hline 2\,5 \end{array} \rightarrow \begin{array}{r} 7\,3 \\ +\,5\,2 \\ \hline 1\,2\,5 \end{array}$$

Jump 도우미

1 ☐ 안에 알맞은 수를 써넣으세요.

(1) $35+27=35+\boxed{}+7=\boxed{}+7=\boxed{}$

(2) $46+38=40+30+\boxed{}+\boxed{}=70+\boxed{}=\boxed{}$

(3) $28+54=28+2+\boxed{}=30+\boxed{}=\boxed{}$

> 같은 자리 숫자끼리 더하여 10이거나 10보다 크면 바로 윗자리로 받아올림합니다.

2 계산 결과를 비교하여 ◯ 안에 >, =, <를 알맞게 써넣으세요.

$$28+65 \bigcirc 57+44$$

3 서우는 종이학을 지난주에는 **23**개, 이번 주에는 **39**개 접었습니다. 서우가 **2**주일 동안 접은 종이학은 모두 몇 개인가요?

> 일의 자리 숫자끼리 더하여 받아올림한 수는 십의 자리 숫자끼리 더할 때 함께 더하여 계산합니다.

4 제과점에서 식빵을 오전에 **47**개, 오후에 **56**개 구웠습니다. 제과점에서 하루 동안 구운 식빵은 몇 개인가요?

 핵심 응용

다음 4장의 숫자 카드 중에서 2장을 골라 두 자리 수를 만들려고 합니다. 만들 수 있는 가장 큰 수와 둘째 번으로 작은 수의 합을 구하세요.

3　6　5　8

생각
열기 가장 작은 두 자리 수를 먼저 구하고 둘째 번으로 작은 수를 생각합니다.

풀이 만들 수 있는 두 자리 수 중에서 가장 큰 수는 □이고, 가장 작은 수는 □이고 둘째 번으로 작은 수는 □입니다.
따라서 가장 큰 수와 둘째 번으로 작은 수의 합은 □ + □ = □ 입니다.

답 _____

3 단원

 1 서우는 구슬을 27개 모았고, 효심이는 서우보다 6개 더 많이 모았습니다. 서우와 효심이가 모은 구슬은 모두 몇 개인가요?

 2 ○ 안에 >, =, <를 알맞게 써넣으세요.

38+27 ◯ 32보다 28만큼 더 큰 수

 3 □ 안에 알맞은 숫자를 써넣으세요.

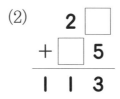

(1)
```
  5 □
+ 1 4
─────
□ 1
```

(2)
```
  2 □
+ □ 5
─────
1 1 3
```

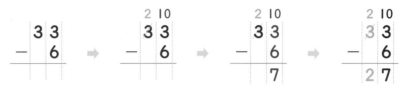

① 수의 자리를 맞추어 씁니다.
② 일의 자리끼리 뺄 수 없을 때는 십의 자리에서 **10**을 일의 자리로 받아내림합니다.

Jump 도우미

1 □ 안에 알맞은 수를 써넣으세요.

(1) **32−8=22+** □ **−8=22+** □ **=** □

(2) **43−7=43−3−** □ **=40−** □ **=** □

⭐ 십의 자리에서 받아내림한 수 **1**은 실제로 **10**을 나타냅니다.

2 기영이는 우표를 **53**장 모았습니다. 이 중에서 **9**장을 친구에게 주었습니다. 기영이가 가지고 있는 우표는 몇 장인가요?

3 미루는 동화책 **85**권을 가지고 있습니다. 효심이는 미루보다 동화책 **6**권을 적게 가지고 있습니다. 효심이가 가지고 있는 동화책은 몇 권인가요?

4 □ 안에 알맞은 숫자를 써넣으세요.

(1)
```
  □ 2
−   4
  5 □
```

(2)
```
  8 □
−   7
  □ 7
```

주의

□**−7=7**이 되는 □는 구할 수 없으므로 십의 자리에서 **10**을 받아내림한 경우입니다.

핵심 응용

4장의 숫자 카드 9 , 7 , 0 , 3 을 사용하여 만들 수 있는 수 중에서 가장 작은 두 자리 수와 가장 큰 한 자리 수의 차를 구해 보세요.

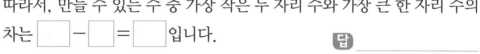

생각 열기 두 자리 수를 만들 때 0은 십의 자리에 올 수 없습니다.

풀이 만들 수 있는 가장 작은 두 자리 수는 ☐ 이고, 가장 큰 한 자리 수는
☐ 입니다.

따라서, 만들 수 있는 수 중 가장 작은 두 자리 수와 가장 큰 한 자리 수의
차는 ☐ ― ☐ = ☐ 입니다.　　　　**답** _____

확인 1 식을 보고, ■와 ●의 차를 구해 보세요.

$$5 + ■ = 73$$
$$● - 9 = 38$$

확인 2 1부터 9까지의 수 중에서 ☐ 안에 들어갈 수 있는 가장 큰 수와 가장 작은 수를 각각 구해 보세요.

$$61 - ☐ < 56$$

확인 3 다음 그림과 같이 25를 넣으면 18이 나오는 상자가 있습니다. 이 상자에 43을 넣으면 얼마가 나오나요?

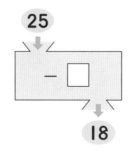

25

― ☐

18

🏀 일의 자리끼리 뺄 수 없을 때에는 십의 자리에서 10을 일의 자리로 받아내림하여 계산합니다.

$$
\begin{array}{r} 3\ 0 \\ -\ 1\ 8 \\ \hline \end{array}
\Rightarrow
\begin{array}{r} {\scriptstyle 2\ 10} \\ 3\ 0 \\ -\ 1\ 8 \\ \hline \end{array}
\Rightarrow
\begin{array}{r} {\scriptstyle 2\ 10} \\ 3\ 0 \\ -\ 1\ 8 \\ \hline 2 \end{array}
\Rightarrow
\begin{array}{r} {\scriptstyle 2\ 10} \\ 3\ 0 \\ -\ 1\ 8 \\ \hline 1\ 2 \end{array}
$$

Jump 도우미

1 □ 안에 알맞은 수를 써넣으세요.

(1) $85-27=85-\boxed{}+3=\boxed{}+3=\boxed{}$

(2) $93-48=93-3-\boxed{}=\boxed{}-45=\boxed{}$

2 주차장에 자동차가 **52**대 있습니다. 자동차가 **16**대 빠져 나갔다면, 주차장에 남은 자동차는 몇 대인가요?

3 **41**명까지 탈 수 있는 버스에 **25**명이 타고 있습니다. 앞 으로 몇 명이 더 탈 수 있나요?

주의

십의 자리에서 10을 받아내 림하면 십의 자리 숫자는 1만큼 더 작아집니다.

4 빈 곳에 알맞은 수를 써넣으세요.

67만큼 더　　　　29만큼 더
작은 수　　85　　큰 수

핵심 응용   1부터 9까지의 숫자 중 □ 안에 들어갈 수 있는 숫자를 모두 써 보세요.

$$94 - \boxed{}8 > 36$$

생각 열기 94 - □8 = 36일 때, □8은 얼마가 되는지 먼저 생각해봅니다.

풀이 94 - □8 = 3에서 94 - 36 = □ 이므로 □ 안에 들어갈 수 있는 숫자는
□ 입니다. 94 - □8 > 36이 되려면 □8이 □ 보다 작아야 합니다.
따라서 1부터 9까지의 숫자 중 □ 안에 들어갈 수 있는 숫자는 □ , □ ,
□ , □ 입니다.

답 _____

 1 차가 17이 되는 두 수를 찾아 ○표 하세요.

$$14, \ 29, \ 51, \ 37, \ 46$$

 2 1부터 7까지의 숫자 중 □ 안에 들어갈 수 있는 숫자는 모두 몇 개 인가요?

$$85 - \boxed{}6 < 49$$

 3 □ 안에 알맞은 숫자를 써넣으세요.

(1)
$$\begin{array}{r} \boxed{}\ 3 \\ -\ 3\ \boxed{} \\ \hline 1\ 7 \end{array}$$

(2)
$$\begin{array}{r} 6\ \boxed{} \\ -\ 2\ 4 \\ \hline \boxed{}\ 9 \end{array}$$

 **Jump 1 핵심알기** 5. 세 수의 계산

🏀 앞에서부터 두 수씩 순서대로 계산하여 답을 구합니다.

· 33+27+28=88
  60
  88

· 27+56-43=40
  83
  40

· 83-38-19=26

83		45
-38	➔	-19
45		26

· 78-39+17=56

78		39
-39	➔	+17
39		56

Jump 도우미

1 빈칸에 알맞은 수를 써넣으세요.

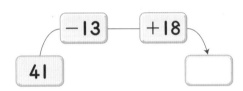

41

주의

세 수의 계산은 계산 순서를 잘 지켜야 옳은 답을 구할 수 있습니다.

2 준우네 과일 가게에는 사과 **37**상자, 배 **25**상자, 오렌지 **19**상자가 있습니다. 준우네 과일 가게에 있는 사과, 배, 오렌지는 모두 몇 상자인가요?

☆ 세 수의 덧셈은 순서를 바꾸어 계산해도 그 결과가 같습니다.

3 다람쥐가 도토리를 **55**개 가지고 있었습니다. 아침에 **17**개를 먹었고, 점심에 **12**개를 먹었습니다. 남은 도토리는 몇 개인가요?

4 전깃줄에 참새가 **25**마리 앉아 있었습니다. 그중에서 **17**마리가 날아가고 **9**마리가 날아왔습니다. 지금 전깃줄에 앉아 있는 참새는 몇 마리인가요?

핵심 응용   서우네 반 학급 문고에는 위인전 **38**권, 동화책 **25**권이 있었습니다. 과학책 몇 권을 새로 사와서 모두 **80**권이 되었습니다. 새로 사 온 과학책은 몇 권인가요?

생각 열기   새로 사 온 과학책의 수를 □로 놓고 식을 세웁니다.

풀이   새로 사온 과학책의 수를 □권이라 하고 식을 세우면

$38+25+\square=80$입니다.

$38+25=\boxed{}$이므로 $\boxed{}+\square=80$에서 $\boxed{}-\boxed{}=\square$,

$\square=\boxed{}$입니다.

따라서, 새로 사온 과학책은 $\boxed{}$권입니다.

답 _____

3
단원

1   계산 결과가 **54**가 되도록 ◯ 안에 ＋, ー를 알맞게 써넣으세요.

$$67 \bigcirc 29 \bigcirc 16$$

2   합이 **92**가 되는 세 수를 찾아 쓰세요.

17   30   11   35   46

3   유승이는 **98**쪽까지 있는 동화책을 사왔습니다. 하루에 **19**쪽씩 **4**일 동안 읽었다면 몇 쪽이 남았나요?

🏀 덧셈식을 보고 뺄셈식 만들기

$14+27=41$ ⟨ $41-27=14$
$41-14=27$

▲$+$●$=$■ ⟨ ■$-$●$=$▲
■$-$▲$=$●

🏀 뺄셈식을 보고 덧셈식 만들기

$43-18=25$ ⟨ $18+25=43$
$25+18=43$

■$-$▲$=$● ⟨ ▲$+$●$=$■
●$+$▲$=$■

Jump 도우미

1 덧셈식을 보고, 뺄셈식 **2**개를 만들어 보세요.

$$28+45=73$$

☆ ▲$+$●$=$■
➡ ■$-$●$=$▲
■$-$▲$=$●

2 뺄셈식을 보고, 덧셈식 **2**개를 만들어 보세요.

$$61-42=19$$

☆ ■$-$▲$=$●
➡ ▲$+$●$=$■
●$+$▲$=$■

3 그림을 보고, 덧셈식 **2**개와 뺄셈식 **2**개를 만들어 보세요.

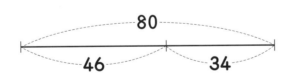

4 **28**에 어떤 수를 더했더니 **65**가 되었습니다. 어떤 수는 얼마인가요?

덧셈식과 뺄셈식의 관계를 이용하면 □의 값을 쉽게 구할 수 있습니다.
□$+24=51$
➡ $51-24=$□
□$-32=18$
➡ $18+32=$□

5 어떤 수에서 **36**을 뺐더니 **59**가 되었습니다. 어떤 수는 얼마인가요?

핵심 응용 63에 어떤 수를 더해야 할 것을 잘못하여 뺐더니 45가 되었습니다. 바르게 계산하면 얼마인가요?

 어떤 수를 □라 하여 식을 세웁니다.

풀이 어떤 수를 □라 하여 뺄셈식을 만들면 63－□＝45입니다.

따라서 63－□＝45 ➡ ☐－☐＝☐, □＝☐ 이므로

바르게 계산하면 63＋☐＝☐ 입니다.

답 _____

 확인 1 어떤 수에 17을 더했더니 53이 되었습니다. 어떤 수보다 18만큼 더 작은 수는 얼마인가요?

 확인 2 52에서 15를 뺀 수에 어떤 수를 더했더니 81이 되었습니다. 어떤 수는 얼마인가요?

 확인 3 72에서 어떤 수를 빼야 할 것을 잘못하여 더했더니 91이 되었습니다. 바르게 계산하면 얼마인가요?

◈ 어떤 수를 □로 나타내고, □를 구하는 덧셈식 또는 뺄셈식 만들기

예) 12+□=20

□−15=40

◈ □를 사용해 만든 덧셈식 또는 뺄셈식에서 □의 값 구하기

예) 12+□=20 ➡ □=20−12, □=8

□−15=40 ➡ □=40+15, □=55

Jump 도우미

① □ 안에 알맞은 수를 써넣으세요.

(1) 36+□=45

(2) 24−□=8

(3) □−56=46

② 유승이는 사탕 **25**개를 가지고 있었습니다. 이 중 몇 개를 형에게 주었더니 **16**개가 남았습니다. 형에게 준 사탕은 몇 개인지 □를 사용하여 식을 세우고 답을 구해 보세요.

★ □를 사용한 뺄셈식을 만듭니다.

③ 색종이 몇 장이 있었습니다. 이 중 **15**장을 사용하고 나니 **28**장이 남았습니다. 처음에 있던 색종이는 몇 장인지 □를 사용하여 식을 세우고 답을 구해 보세요.

④ 예슬이는 스티커를 **37**장 가지고 있었습니다. 고운이가 예슬이에게 스티커 몇 장을 주었더니 예슬이의 스티커는 모두 **52**장이 되었습니다. 고운이는 예슬이에게 몇 장의 스티커를 주었는지 □를 사용하여 식을 세우고 답을 구해 보세요.

★ □를 사용한 덧셈식을 만듭니다.

 핵심 응용 다음 중 어떤 수의 값이 가장 큰 것의 기호를 찾아 쓰세요.

> ㉠ 어떤 수에 **21**을 더하면 **30**이 됩니다.
> ㉡ **52**에서 어떤 수를 빼면 **7**이 됩니다.
> ㉢ 어떤 수에서 **19**를 빼면 **34**가 됩니다.

생각열기 각각의 어떤 수를 구하여 비교합니다.

풀이 어떤 수를 □로 하여 ㉠을 식으로 나타내면 □＋**21**＝**30**이므로

□＝□ 이고, ㉡을 식으로 나타내면 **52**－□＝**7**에서 □＝□ 이며,

㉢을 식으로 나타내면 □－□＝□에서 □＝□입니다.

따라서, 어떤 수의 값이 가장 큰 것의 기호는 □입니다.

답 _____

 1 다음 중 □ 안에 들어 갈 수가 가장 큰 것의 기호를 쓰세요.

㉠ **72**－□＝**38**   ㉡ □＋**27**＝**83**

㉢ □＋**13**＝**31**   ㉣ **69**－□＝**36**

 2 다음 그림을 보고 □ 안에 알맞은 수를 구해 보세요.

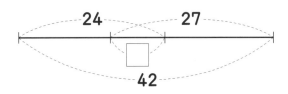

 3 오른쪽 그림과 같이 **83**을 넣으면 **38**이 나오는 상자가 있습니다. 이 상자에 **54**를 넣으면 얼마가 나오나요?

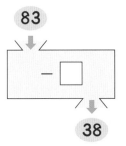

1 25명의 학생 중에서 술래잡기가 재미있다고 대답한 학생은 16명이고, 숨바꼭질이 재미있다고 대답한 학생은 18명이었습니다. 대답하지 않은 학생이 없다면 술래잡기와 숨바꼭질이 모두 재미있다고 대답한 학생은 몇 명인가요?

2 한 원 안에 있는 네 수의 합은 같습니다. 가와 나에 알맞은 수를 구해 보세요.

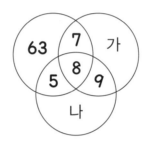

3 다음과 같은 7장의 수 카드가 있습니다. 이 중에서 수의 합이 37이 되는 수 카드 3장을 찾아 보세요.

| 31 | 4 | 24 | 7 | 11 | 9 | 5 |

4 구슬을 효심이는 **63**개, 서우는 **37**개 가지고 있습니다. 효심이와 서우가 가지고 있는 구슬의 개수를 같게 하려면, 효심이는 서우에게 구슬을 몇 개 주어야 하나요?

5 지우는 과수원에서 이틀 동안 사과를 땄습니다. 첫째 날에는 **38**개 땄고, 둘째 날에는 첫째 날보다 **15**개 더 많이 땄습니다. 지우가 이틀 동안 딴 사과는 모두 몇 개인가요?

6 빈칸에 알맞은 수를 써넣으세요.

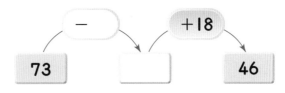

7 어떤 수에 **23**을 더해야 하는데 잘못하여 **13**을 더했더니 **42**가 되었습니다. 바르게 계산하면 얼마인지 구해 보세요.

8 □ 안에 공통으로 들어갈 수 있는 수는 모두 몇 개인가요?

$$84 - \boxed{} > 59 \qquad 37 + \boxed{} > 54$$

9 같은 모양은 같은 숫자를 나타냅니다. ■, ⊙, ★에 알맞은 숫자를 각각 구해 보세요.

$$
\begin{array}{r}
\odot\ \blacksquare \\
+\ \bigstar\ \blacksquare \\
\hline
\bigstar\ \bigstar\ 6
\end{array}
$$

10 미루의 나이는 **9**살입니다. 아버지는 어머니보다 **4**살 더 많고, 어머니는 미루보다 **26**살 더 많습니다. 아버지의 나이를 구해 보세요.

11 3장의 숫자 카드 2 , 4 , 5 가 있습니다. 이 숫자 카드를 모두 사용하여 두 자리 수와 한 자리 수의 **뺄셈식**을 만들었을 때, 그 두 수의 차 중 셋째 번으로 작은 수는 얼마인가요?

12 왼쪽의 규칙을 찾아 ☐ 안에 알맞은 수를 써넣으세요.

$$1+3=4$$
$$3+5=8$$
$$5+7=12$$

$7+9=$ ☐

$9+$ ☐ $=$ ☐

☐ $+$ ☐ $=$ ☐

13 다음 식에서 ★이 **3**일 때, ▲의 값은 얼마인가요?

$$★ + ★ + ★ = ■$$
$$■ + ■ = ● - 1$$
$$● + ★ + ■ = ▲ + 6$$

14 소미, 서우, 고운이는 각각 자기가 가지고 있는 구슬의 개수에 대해 다음과 같이 말하고 있습니다. 서우가 가지고 있는 구슬은 몇 개인가요?

소미 : 나는 고운이보다 **9**개 더 많아.
서우 : 나는 소미보다 **7**개 더 적어.
고운 : 나는 **6**개 더 있으면 **23**개야.

15 버스에 **29**명이 타고 있었습니다. 첫째 번 정류장에서 **5**명이 타고 **7**명이 내렸습니다. 둘째 번 정류장에서는 내린 사람은 없으나 **3**명이 더 탔습니다. 지금 버스에 타고 있는 사람은 모두 몇 명인가요?

16 다음과 같은 규칙을 가지고 있는 ⊙이 있습니다. **23⊙5**는 얼마인가요?

$$2⊙2=6 \quad 5⊙3=11 \quad 10⊙4=18$$

17 다음과 같은 **5**장의 수 카드가 있습니다. 이 카드 중 **2**장을 골라 만들 수 있는 두 자리 수 중 다섯째 번으로 큰 수와 다섯째 번으로 작은 수의 합을 구해 보세요.

4 0 1 7 9

18 **0**부터 **9**까지의 숫자 중에서 □ 안에 들어갈 수 있는 숫자는 모두 몇 개인가요?

$$54+17-2\square>44$$

1 0부터 **9**까지의 숫자 카드가 한 장씩 있습니다. 이 중에서 **3**장을 뽑아 세 수를 더하였더니 **23**이 되었습니다. 뽑은 **3**장의 카드로 만들 수 있는 세 자리 수 중 가장 작은 수는 얼마인가요?

2 계산식에서 같은 기호는 같은 숫자를, 다른 기호는 다른 숫자를 나타냅니다. 기호 ㉠, ㉡, ㉢에 알맞은 숫자는 무엇인가요? (단, ㉡은 ㉢보다 작습니다.)

$$
\begin{array}{r}
㉠\ ㉡ \\
-\ \ \ ㉢ \\
\hline
6\ ㉢
\end{array}
\qquad
\begin{array}{r}
㉠\ ㉠ \\
-\ \ \ ㉡ \\
\hline
6\ ㉢
\end{array}
$$

3 다음 표의 오른쪽에 있는 수는 왼쪽에 있는 **4**개의 모양이 나타내는 수들의 합입니다. ★＋●－■의 값은 얼마인가요? (단, 같은 모양은 같은 수를 나타냅니다.)

모양				합
■	▲	★	■	81
▲	●	■	●	81
★	▲	★	▲	86
▲	★	■	●	82

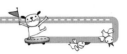
4 1부터 **9**까지의 숫자 중에서 서로 다른 **4**개의 숫자를 ☐ 안에 넣어 다음 식을 만들려고 합니다. 식은 모두 몇 개 만들 수 있나요? (단, **13+24**와 **24+13**은 같은 식으로 생각합니다.)

$$\boxed{}\boxed{}+\boxed{}\boxed{}=50$$

5 다음 그림을 보고, ☐ 안에 알맞은 수를 구해 보세요.

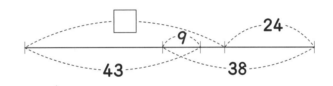

6 식에서 ♥는 한 자리 숫자입니다. **6♥+★6**을 계산해 보세요.

$$\text{♥}1-\text{★♥}=33$$

7 재우, 미루, 소미, 서우가 운동장에서 줄넘기를 하였습니다. 재우와 소미는 백두산 팀, 미루와 서우는 한라산 팀이었습니다. 줄넘기를 재우는 **38**회, 미루는 **24**회, 소미는 **29**회, 서우는 **47**회 하였습니다. 어느 팀이 줄넘기를 몇 회 더 많이 하였나요?

8 보기와 같은 규칙으로 수를 써넣을 때, ㉮에 알맞은 수는 얼마인가요?

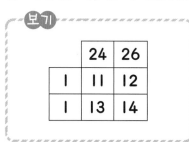

9 ▲가 **16**일 때, ♥의 값은 얼마인가요?

$$▲+▲+▲=★ \quad ★+▲-35=⊙$$
$$⊙+⊙-▲=■ \quad ■+⊙+▲=♥$$

10 다음 수 카드를 이용하여 계산 결과가 **50**이 되도록 할 때, ㉠, ㉡, ㉢에 알맞은 수를 구해 보세요.

14 , 24 , 58 , 62 , 94

㉠ − ㉡ + ㉢ = 50

11 6장의 수 카드 1 , 3 , 4 , 5 , 6 , 8 이 있습니다. 이 숫자 카드를 모두 사용하여 뺄셈식을 만들었습니다. ☐ 안에 알맞은 수를 써넣으세요.

☐☐ − 1☐ = ☐5

12 한 원 안에 있는 수의 합은 모두 같다고 할 때, ㉠과 ㉡에 알맞은 수의 합을 구해 보세요.

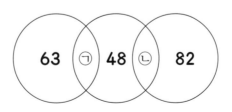

63 ㉠ 48 ㉡ 82

13 다음 □ 안에 알맞은 수를 써 넣어 가로로 나란히 놓은 세 수의 합과 세로로 나란히 놓인 세 수의 합이 모두 같아지게 하려고 합니다. ㉮에는 어떤 수를 넣어야 하나요?

		50
㉮	43	㉯
		22

14 0부터 9까지의 숫자 중에서 서로 다른 **4**개의 숫자를 □ 안에 넣어 다음 식을 만들려고 합니다. 만들 수 있는 식은 모두 몇 개인가요? (단, **16＋54**와 **54＋16**은 같은 식으로 생각합니다.)

$$\square\square + \square\square = 75$$

15 같은 문자는 같은 수를 나타낼 때 ㉮가 나타내는 수는 얼마인가요?

$$㉮＋㉯＝43$$
$$㉯＋㉰＝61$$
$$㉰＋㉮＝52$$

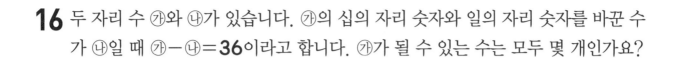
16 두 자리 수 ㉮와 ㉯가 있습니다. ㉮의 십의 자리 숫자와 일의 자리 숫자를 바꾼 수가 ㉯일 때 ㉮－㉯＝**36**이라고 합니다. ㉮가 될 수 있는 수는 모두 몇 개인가요?

17 유승이는 오른쪽 과녁에 화살을 **3**번씩 **3**회 쏘았습니다. **1**회에는 **가**에 **2**번, **나**에 **1**번을 맞혀 **33**점을 얻었고, **2**회에는 **가**에 **1**번, **나**에 **1**번, **다**에 **1**번을 맞혀 **26**점을 얻었습니다. **3**회에는 **나**에 **2**번, **다**에 **1**번을 맞혀 **23**점을 얻었습니다. 이 과녁에 화살을 **3**번 쏘아서 모두 **가**에 맞히면 몇 점을 얻게 되나요?

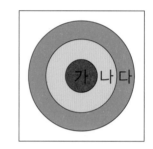

18 □ 안에 **20**부터 **27**까지의 수를 한 번씩 써 넣으려고 합니다. ○ 안의 수는 그 줄에 놓인 수의 합이라고 할 때 ㉠과 ㉡에 들어갈 수들의 합을 구하면 얼마인가요?

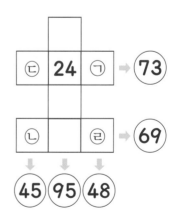

1 다음 식에서 같은 문자는 같은 숫자, 다른 문자는 다른 숫자를 나타냅니다.
A−B+C의 값은 얼마인가요?

$$
\begin{array}{ccc}
 & A & B \\
 & B & A \\
+ & B & A \\
\hline
C & B & B
\end{array}
$$

2 일정한 규칙에 따라 수를 그림으로 나타낸 것입니다.

규칙을 찾아 다음 그림이 나타내는 수를 구해 보세요.

1 여러 가지 단위로 길이 재기, **l** cm 알아보기

2 자로 길이 재어 보기

3 길이 어림하기

💬 **이야기 수학**

🏠 **길이의 단위는 어떻게 정해졌을까?**

서양에서 흔히 쓰는 길이의 단위는 피트와 야드입니다. 피트와 야드는 어떤 것을 근거로 하여 정해졌을까요?

옛날 로마 사람들은 길이를 재는 단위가 없었을 때 흔히 자기 신체의 길이를 단위로 사용하고 있었습니다. 그러나 사람마다 크기가 다르므로 불편한 점이 많았기 때문에 어느 임금님이 자신의 발가락 끝에서 뒤축 끝까지의 길이를 단위길이로 사용하기로 하였습니다. 하지만 그 임금님이 돌아가시고 발이 엄청나게 큰 다른 임금님이 왕 위에 오르자 다시 길이의 단위가 바뀌게 되었습니다. 이렇게 되자, 구둣방은 구둣방대로, 목수는 목수대로, 양복점은 양복점대로 각자 제멋대로의 길이의 단위를 정하고 말았습니다.

그러나 그 기준은 모두 발의 크기였습니다. 그래서 「발」을 가리키는 말인 푸트(foot)가 되었는데, 이것을 피트(feet)라고도 부릅니다. 현재의 미터법으로 바꾸면 약 **30** cm의 길이에 해당됩니다.

야드 또한 길이의 단위인데, **l**야드라는 길이는 지금으로부터 **800**여년 전, 영국의 헨리 **l**세라는 임금님이 정해놓은 것입니다. 이 왕의 코에서부터 한쪽 팔을 쭉 뻗은 손가락 끝까지의 거리를 길이의 단위로 삼은 것으로 약 **9l** cm에 해당됩니다.

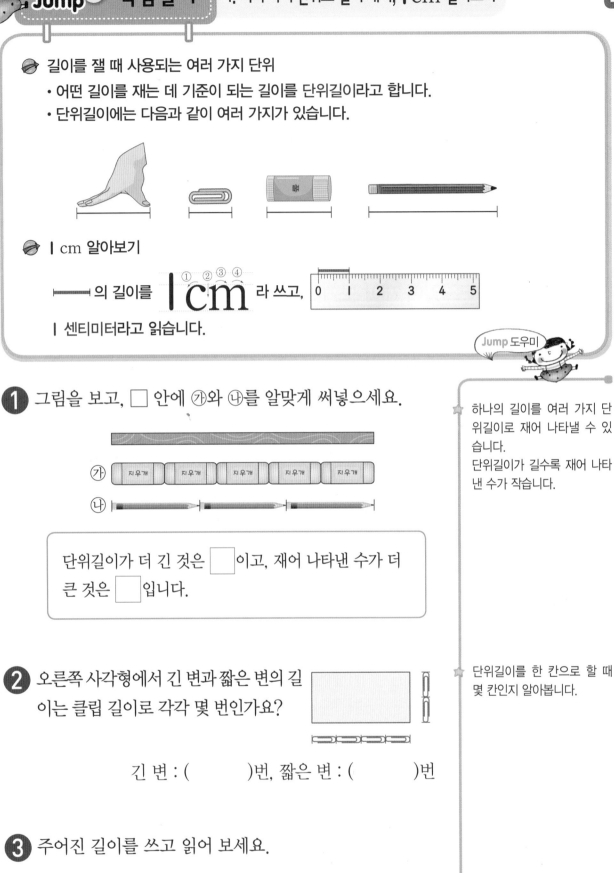

🌐 길이를 잴 때 사용되는 여러 가지 단위
 • 어떤 길이를 재는 데 기준이 되는 길이를 단위길이라고 합니다.
 • 단위길이에는 다음과 같이 여러 가지가 있습니다.

🌐 1 cm 알아보기

━━━━ 의 길이를 **1cm** 라 쓰고,
1 센티미터라고 읽습니다.

① ② ③ ④

Jump 도우미

❶ 그림을 보고, ☐ 안에 ㉮와 ㉯를 알맞게 써넣으세요.

㉮ [지우개][지우개][지우개][지우개][지우개]

㉯

단위길이가 더 긴 것은 ☐ 이고, 재어 나타낸 수가 더 큰 것은 ☐ 입니다.

☆ 하나의 길이를 여러 가지 단위길이로 재어 나타낼 수 있습니다.
단위길이가 길수록 재어 나타낸 수가 작습니다.

❷ 오른쪽 사각형에서 긴 변과 짧은 변의 길이는 클립 길이로 각각 몇 번인가요?

긴 변 : (   )번, 짧은 변 : (   )번

☆ 단위길이를 한 칸으로 할 때 몇 칸인지 알아봅니다.

❸ 주어진 길이를 쓰고 읽어 보세요.

쓰기 _____

읽기 _____

핵심 응용 색연필의 길이를 클립, 머리핀, 지우개로 재었습니다. 어느 것으로 재어 나타낸 수가 가장 큰가요?

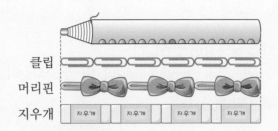

클립

머리핀

지우개

생각열기 색연필 단위의 길이는 각 단위길이로 몇 번인지 알아봅니다.

4 단원

풀이 색연필의 길이는 클립으로 ☐번, 머리핀으로 ☐번, 지우개로 ☐번입니다.
단위길이가 ☐수록 재어 나타낸 수가 작아지고, 단위길이가 ☐수록 재어 나타낸 수가 커집니다.
따라서 ☐으로 재어 나타낸 수가 가장 큽니다.

답 _____

1 지혜는 손으로 창틀과 액자의 긴 쪽의 길이를 재었습니다. 창틀은 뼘으로 6번이고, 액자는 뼘으로 8번이었을 때, 어느 것의 길이가 더 긴가요?

2 미루와 준우는 각각 가지고 있는 연필로 책상의 긴 쪽의 길이를 재었습니다. 미루의 연필로는 7번 재었고, 준우의 연필로는 6번 재었다면, 누가 가지고 있는 연필의 길이가 더 긴가요?

3 오른쪽 사각형 ㄱㄴㄷㄹ의 네 변의 길이의 합은 지우개 길이로 몇 번 잰 것과 같은가요?

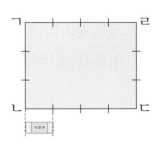

자를 이용하여 길이 재는 방법(1)

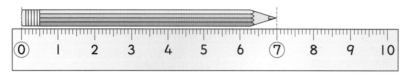

① 연필의 한 쪽 끝을 자의 눈금 0에 맞춥니다.
② 연필의 다른 쪽 끝에 있는 자의 눈금을 읽습니다. 이 연필의 길이는 **7** cm입니다.

자를 이용하여 길이 재는 방법(2)

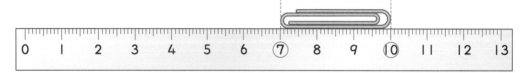

① 클립의 한 쪽 끝을 자의 한 눈금에 맞춥니다
② 그 눈금에서 **1** cm가 몇 번 들어가는지 셉니다. 이 클립의 길이는 **3** cm입니다.

Jump 도우미

1 **9** cm는 **1** cm로 몇 번인가요?

2 선분 (나)의 길이는 선분 (가)의 길이보다 몇 cm 더 긴가요?

(가)   (나)
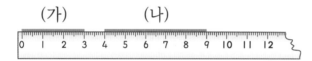

☆ (가)는 **1** cm로 **3**번이고,
(나)는 **1** cm로 **5**번입니다.

3 변의 길이를 재어 □ 안에 들어갈 두 수의 합을 구해 보세요.

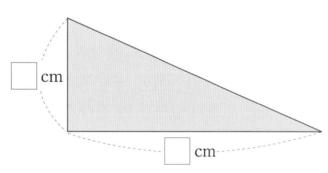

자로 길이를 재면 누가 재든 길이가 같고, 길이를 정확하게 잴 수 있습니다.

4 크레파스의 길이는 **8** cm인가요? **8** cm가 아니라면 그 이유를 설명해 보세요.

☆ **1** cm가 몇 번 있는지 살펴봅니다.

 응용 오른쪽 그림에서 가장 작은 사각형의 한 변의 길이는 1 cm이고, 네 변의 길이가 모두 같습니다. 가장 작은 사각형의 변을 따라갈 때, ㉮에서 ㉯까지 가는 가장 가까운 길의 길이는 몇 cm인가요?

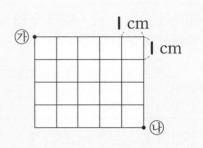

 ㉮에서 가장 작은 사각형의 변을 몇 개 지나야 ㉯에 가장 빨리 갈 수 있는지 생각해 봅니다.

풀이 ㉮에서 ㉯까지 가는 방법 중 하나를 그림과 같이 그리면 변을 따라 오른쪽으로 ☐ 번, 아래쪽으로 ☐ 번 이동하면 됩니다.

따라서 1 cm인 변을 ☐ 번 지나야 하고,

1 cm가 ☐ 번이면 ☐ cm이므로 ㉮에서

㉯까지 가는 가장 가까운 길의 길이는 ☐ cm입니다.

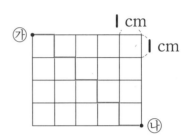

답 _____

4 단원

 1 서우가 늘인 고무줄의 길이는 18 cm이고, 소미가 늘인 고무줄의 길이는 13 cm입니다. 소미는 고무줄을 몇 cm 더 늘여야 서우가 늘인 고무줄의 길이와 같아지나요?

 2 막대의 길이는 길이가 2 cm인 색 테이프로 5번 잰 것과 같습니다. 이 막대의 길이는 몇 cm인가요?

 3 다음 그림과 같이 6개의 막대를 쌓았습니다. (가)와 (나) 막대의 길이의 합을 구해 보세요.

11 cm		(가)
9 cm		8 cm
5 cm	(나)	

길이가 자의 눈금 사이에 있을 때는 눈금과 가까운 쪽에 있는 숫자를 읽으며, 숫자 앞에 약이라고 붙여 말합니다.

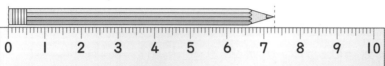

연필의 길이는 **8** cm보다 **7** cm에 더 가깝기 때문에 약 **7** cm라고 말합니다.

Jump 도우미

1 다음 선분의 길이가 **5** cm일 때, 막대의 길이는 약 몇 cm인지 어림해보고, 자로 재어 보세요.

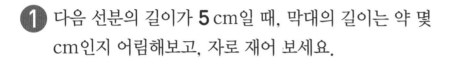

어림한 길이 (　　　　　　　)

자로 잰 길이 (　　　　　　　)

어림한 길이를 말할 때에는 길이의 앞에 약이라고 붙여 서 말합니다.

2 아래 점 선 위에 어림하여 **6** cm 길이의 선분을 그려보고 자로 재어 확인해 보세요.

⊢——⊣
I cm

- -

3 못의 길이는 약 몇 cm인가요?

☆ 못의 한 끝이 자의 눈금 0에 맞추어 있지 않음에 주의합니다.

4 길이를 재어 보세요.

(1)

(2)

핵심 응용 분필의 길이를 소미는 **10** cm라고 어림하였고, 고운이는 **7** cm라고 어림하였습니다. 분필의 길이를 재어 본 후 누가 더 가깝게 어림하였는지 이야기하고, 그렇게 생각한 이유를 설명하세요.

 생각 열기 분필의 실제 길이와 어림한 길이의 차를 알아봅니다.

풀이 ☐ 이가 더 가깝게 어림하였습니다.

왜냐하면 분필의 실제 길이는 ☐ cm이므로 소미는 분필의 실제 길이와

☐ cm 차이가 나고, 고운이는 ☐ cm 차이가 나기 때문입니다.

4
단원

 1 물건의 실제 길이에 가장 가까운 것을 찾아 선으로 이어 보세요.
(단, 물건의 긴 쪽의 길이를 생각합니다.)

· **5** cm

· **1** cm

· **15** cm

· **30** cm

 2 혜민이는 동화책의 짧은 쪽의 길이를 약 **18** cm라고 어림하였습니다. 자로 동화책의 짧은 쪽의 길이를 재어보니 **23** cm였습니다. 어림한 길이와 실제 길이의 차는 몇 cm인가요?

 3 길이가 **27** cm인 색연필의 길이를 친구들이 어림한 것입니다. 누가 실제 길이에 가장 가깝게 어림했나요?

가희	나영	다솔
약 **25** cm	약 **30** cm	약 **26** cm

1 준우는 철사를 사용하여 오른쪽 그림과 같은 사각형을 만들려고 합니다. 사각형을 두 개 만들려면 철사는 몇 cm 준비해야 하나요?

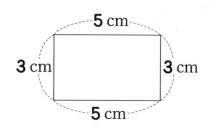

2 고운이와 유승이는 각자 우산을 한 개씩 가지고 있습니다. 고운이의 한 뼘은 12 cm, 유승이의 한 뼘은 14 cm이고 각자 가지고 있는 우산의 길이를 뼘으로 재어보니 5번씩이었습니다. 누구의 우산이 몇 cm 더 긴가요?

3 그림에서 가장 작은 사각형의 네 변의 길이는 같습니다. 가장 작은 사각형의 한 변의 길이가 1 cm일 때, 길이가 가장 긴 것부터 순서대로 기호를 쓰세요.

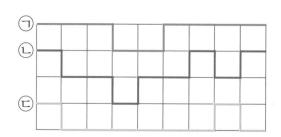

4 85 cm 높이의 나뭇가지에 도토리가 열렸습니다. 다람쥐가 도토리를 먹기 위해 나무 위로 60 cm 올라갔다가 18 cm만큼 미끄러져서 내려왔습니다. 다람쥐가 도토리를 먹으려면 몇 cm 더 올라가야 하나요?

5 연필의 길이를 단위길이 ㉮, ㉯, ㉰로 재어 보았습니다. 단위길이로 재어 나타낸 수가 가장 큰 것부터 순서대로 기호를 쓰세요.

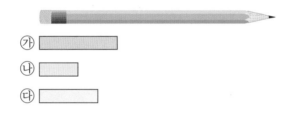

6 효심이는 길이가 12 cm인 색 테이프 4장을 4 cm씩 겹치게 이어 붙였습니다. 기 영이는 길이가 10 cm인 색 테이프 4장을 1 cm씩 겹치게 이어 붙였습니다. 이어 붙인 색 테이프의 길이는 누구의 것이 몇 cm 더 긴가요?

7 오른쪽 그림에서 가장 작은 사각형의 한 변의 길이는
1cm이고, 네 변의 길이가 모두 같습니다. 파란색 선
을 따라 자르면 잘라진 선의 길이는 모두 몇 cm인가
요?

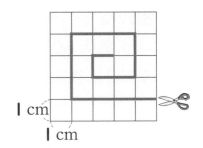

8 오른쪽 그림에서 가장 작은 사각형의 한 변의 길이
는 **2**cm이고, 네 변의 길이가 모두 같습니다. 가장
작은 사각형의 변을 따라갈 때, ㉮에서 ㉯까지 가는
가장 가까운 길은 몇 cm인가요?

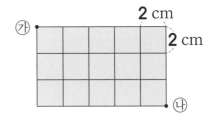

9 오른쪽 그림은 네 변의 길이가 모두 1cm인 사각형 **3**개
로 이루어진 도형입니다. 점 **가**에서 출발하여 선을 따라
4cm를 움직여 **나**에 도착하는 방법은 몇 가지인가요?

10 교실 앞문의 길이를 고운이는 **90** cm로 어림하였고, 기영이는 고운이보다 **7** cm 더 짧게 어림하였습니다. 실제 교실 앞문의 길이는 기영이가 어림한 길이보다 **3** cm 더 짧다고 할 때, 교실 앞문의 길이는 몇 cm인가요?

11 다음 그림에서 연필은 지우개보다 **13** cm 더 깁니다. 또한 연필과 지우개의 길이의 합은 **23** cm입니다. 풀의 길이가 지우개보다 **2** cm 더 길다면 풀의 길이는 몇 cm인가요?

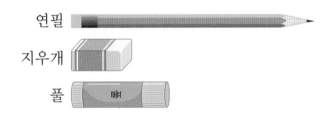

12 길이가 **1** cm인 플라스틱 막대로 다음과 같은 모양을 꾸미려고 합니다. 사용한 플라스틱 막대를 모두 겹치지 않게 한 줄로 늘어놓을 때, 길이는 몇 cm가 되는지 구해 보세요. (단, 플라스틱 막대의 두께는 생각하지 않습니다.)

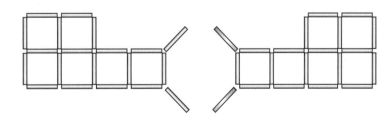

13 오른쪽 그림에서 가장 작은 사각형의 네 변의 길이의 합은
5 cm입니다. 이 도형에서 찾을 수 있는 네 변의 길이가 같은
가장 큰 사각형의 모든 변의 길이의 합은 몇 cm인가요?

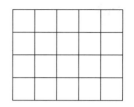

14 기영이의 한 뼘의 길이는 10 cm, 준우의 한 뼘의 길이는 12 cm입니다. 같은 막
대의 길이를 재는 데 준우의 뼘으로 5뼘이었습니다. 이 막대의 길이는 기영이 뼘
으로 몇 뼘인가요?

15 오른쪽 그림에서 가장 작은 사각형의 네 변의 길이는 모
두 같고, 한 변의 길이는 1 cm입니다. 그림 속의 색 띠
는 세 번 접은 모양입니다. 펼쳤을 때, 색 띠의 길이는 몇
cm인가요?

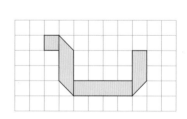

16 고운이와 유은이는 각각 길이가 다른 색 테이프를 가지고 있습니다. 고운이의 색 테이프 길이는 길이가 **9** cm인 풀통 **6**개의 길이와 같고, 유은이의 색 테이프 길이는 길이가 **15** cm인 연필 **4**개의 길이와 같습니다. 누구의 색 테이프의 길이가 몇 cm 더 긴가요?

17 오른쪽 그림에서 가장 작은 사각형의 한 변의 길이는 **2** cm입니다. 굵은 선의 길이는 모두 몇 cm인가요?

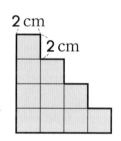

18 곧은 선 **6**개로 둘러싸인 도형을 육각형이라고 합니다. 오른쪽 그림은 변의 길이가 모두 같은 육각형 **7**개로 이루어진 도형입니다. 육각형의 한 변의 길이가 **3** cm일 때, 굵은 선의 길이의 합은 육각형 **1**개의 여섯 변의 길이의 합보다 얼마나 더 긴가요?

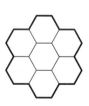

1 길이가 **5** cm인 종이 테이프를 **1** cm씩 겹치게 나란히 붙여서 길이가 **30** cm보다 길고 **35** cm보다 짧게 만들려고 합니다. 종이 테이프를 몇 장 붙여야 하나요?

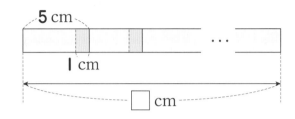

2 지우개 길이로 **4**번 잴 수 있는 연필을 단위길이로 하여 책상의 높이를 재었더니 연필 길이로 **6**번이었습니다. 지우개 길이가 **4** cm이면 책상의 높이는 몇 cm인가요?

3 연못의 깊이를 재기 위해 길이가 **200** cm인 막대를 연못에 넣었다가 꺼내어 막대의 젖은 부분을 위로 하여 다시 연못에 넣었더니 두 번 모두 젖은 부분이 **80** cm였습니다. 이 연못의 깊이는 몇 cm인가요?

4 준우가 가지고 있던 철사의 길이는 **90** cm, 고운이가 가지고 있던 철사의 길이는 **80** cm입니다. 이 중에서 준우는 **7** cm씩 **5**번 잘라 썼고 고운이는 **4** cm씩 **6**번 잘라 썼습니다. 누구의 철사가 몇 cm 더 길게 남아 있나요?

5 다음은 종이 테이프, 연필, 못을 이용하여 막대의 길이를 잰 것입니다. 못 **I**개의 길이가 **3** cm일 때, 연필, 종이 테이프, 막대의 길이는 각각 몇 cm인가요?

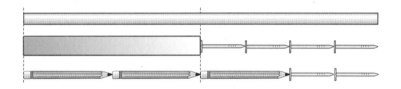

6 길이가 **72** cm인 나무 막대를 두 도막으로 잘랐습니다. 자동차의 길이를 길이가 긴 나무 막대로 재면 **4**번이고 길이가 짧은 나무 막대로 재면 **5**번입니다. 자동차의 길이는 몇 cm인가요?

7 길이가 122 cm인 막대를 다음과 같이 네 도막으로 잘랐습니다. 가장 긴 막대의 길이는 몇 cm인가요?

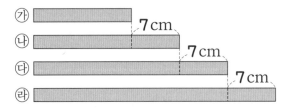

8 한 변의 길이가 2 cm이고 세 변의 길이가 같은 삼각형으로 다음과 같이 규칙적으로 모양을 만들어 갑니다. 넷째에 올 모양의 바깥 테두리(둘레)의 길이는 몇 cm인가요?

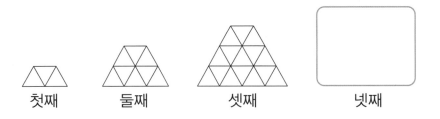

9 다음과 같은 색 테이프를 3 cm씩 겹치게 이어 네 변의 길이가 모두 80 cm인 사각형을 만들었습니다. 사용된 색 테이프는 모두 몇 장인가요?

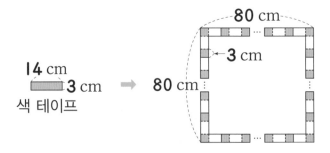

10 ㄱ, ㄴ, ㄷ **3**개의 막대가 있습니다. ㄷ 막대의 길이는 ㄱ 막대에서 ㄴ 막대의 길이만큼 잘라내고 남은 길이와 같습니다. 교실 앞 칠판의 길이가 ㄱ 막대 길이로 **4**번이고, ㄴ 막대의 길이로 **6**번입니다. 칠판의 길이는 ㄷ 막대의 길이로 몇 번인가요?

11 나무늘보는 하루 동안 낮에는 **20** cm씩 나무를 올라가고, 밤에는 자는 동안 **5** cm씩 나무에서 미끄러집니다. 나무늘보가 처음 위치에서 **80** cm 더 높게 나무를 오르려면 며칠이 걸리는지 구해 보세요.

12 오른쪽 그림은 한 칸의 길이가 **1** cm인 모눈 종이입니다. 점 가에서 선을 따라 출발하여 **6** cm 길이만큼 가서 점 나에 도착하려 합니다. 이와 같은 방법으로 점 가에서 점 나로 가는 방법은 모두 몇 가지인가요? (단, 한 번 지나간 선은 다시 지나지 않습니다.)

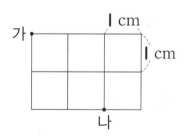

13 [그림 1]과 같은 사각형 **9**개로 [그림 2]와 같은 도형을 만들었습니다. [그림 2]의 도형에서 선을 따라 작은 사각형 **4**개가 붙어 있도록 오려 냈을 때, 오려 낸 모양의 둘레의 길이가 가장 긴 경우는 몇 cm인가요?

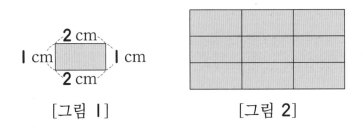

[그림 1]   [그림 2]

14 그림을 보고 ㉮와 ㉯의 길이의 차를 구해 보세요.

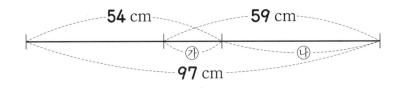

15 길이가 다른 막대가 **2**개 있습니다. 긴 막대는 짧은 막대보다 **75** cm 만큼 더 길고, 긴 막대를 잘라서 짧은 막대를 만들면 남김없이 **4**개를 만들 수 있습니다. 긴 막대와 짧은 막대의 길이의 합은 몇 cm인가요?

16 길이가 **5 cm**, **6 cm**, **8 cm**인 종이띠가 각각 한 개씩 있습니다. 세 개의 종이띠를 이용하여 잴 수 있는 길이는 모두 몇 가지인가요?

17 다음 그림과 같이 네 변의 길이가 각각 **5 cm**인 사각형이 **16**장 있습니다. 이 사각형을 모두 사용하여 둘레의 길이가 가장 긴 사각형과 둘레의 길이가 가장 짧은 사각형을 만들 때 두 사각형의 둘레의 길이의 차는 몇 cm인가요?

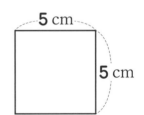

18 막대 ㉮, ㉯, ㉰ 중 가장 긴 막대의 길이는 **50 cm**입니다. 똑같은 크레파스 6개를 늘어놓은 길이, 똑같은 가위 4개를 늘어놓은 길이, 똑같은 연필 3자루를 늘어놓은 길이가 서로 같을 때, 다음을 읽고 연필 1자루의 길이는 몇 cm인지 구해 보세요.

- 막대 ㉮의 길이는 크레파스 **5**개의 길이와 같습니다.
- 막대 ㉯의 길이는 가위 **3**개의 길이와 같습니다.
- 막대 ㉰의 길이는 연필 **2**자루의 길이와 같습니다.

1 다음 그림은 세 변의 길이가 같은 작은 삼각형 16개로 이루어진 도형입니다. 작은 삼각형의 한 변의 길이가 1 cm일 때, 빨간 선과 검은 선의 길이의 차는 얼마인가요?

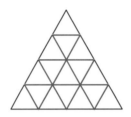

2 다음 그림과 같이 길이가 1 cm, 3 cm, 8 cm인 세 막대가 있습니다. 세 막대를 사용하여 잴 수 있는 길이는 모두 몇 가지인가요?

1 cm   3 cm   8 cm

단원 5 분류하기

1 분류를 알고 기준에 따라 분류하기

2 분류하고 세어 보기

3 분류한 결과 알아보기

💬 이야기 수학

🏠 분류의 편리함

일상 생활 속에서 분류의 예를 가장 잘 나타내는 곳 중의 하나가 마트입니다. 백화점도 마찬가지
이지요. 지하부터 각 층별로 파는 품목이 정해져 있는데 지하에는 채소 및 과일 종류, 1층에는
화장품 및 가방류, 2층에는 의류 및 신발, 3층에는 문구, 전자제품, 4층에는 가구류 등등 층별로
파는 품목을 분류하여 놓았습니다.

그 이유는 무엇일까요? 만일 여러분이 신발을 사러 마트나 백화점에 갔을 때 층별로 분류가
되어있지 않다면 어느 층으로 가서 사야 할 지 막막해지겠지요. 이처럼 분류는 우리의 일상
생활을 편리하게 해주는 훌륭한 기능을 담당하고 있답니다.

• 종류별로 나누는 것을 분류라고 합니다. 분류할 때는 분명한 기준을 세워야 합니다.
• 분명한 기준으로 분류하면 좋은 점
  ① 어느 누가 분류해도 결과가 같습니다.
  ② 분류된 기준으로 물건을 찾을 때 정확하게 찾을 수 있습니다.

〈같은 모양끼리 분류하기〉

	상자, 주사위, 나무막대
	캔, 풀, 화장지
	축구공, 야구공

1 여러 이동 수단을 바퀴의 개수에 따라 분류하여 보세요.

바퀴 **2**개	
바퀴 **4**개	

종류별로 나누는 것을 분류라고 합니다.

2 악기를 연주하는 방법에 따라 분류하여 보세요.

부는 것	
치는 것	

분류를 할 때에는 분명한 기준을 세워 분류합니다.

Jump ② 핵심응용하기

핵심 응용 아래의 과일들을 두 가지로 분류하였습니다. 어떤 기준에 따라 분류한 것인지 써 보세요.

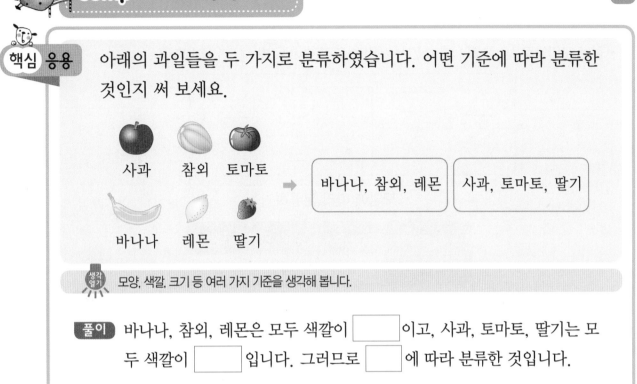

사과　참외　토마토 → 　바나나, 참외, 레몬　　사과, 토마토, 딸기

바나나　레몬　딸기

생각열기 모양, 색깔, 크기 등 여러 가지 기준을 생각해 봅니다.

풀이 바나나, 참외, 레몬은 모두 색깔이 ⬜ 이고, 사과, 토마토, 딸기는 모두 색깔이 ⬜ 입니다. 그러므로 ⬜ 에 따라 분류한 것입니다.

답 _____

5 단원

 확인 1 다음 여러 동물을 분명한 기준을 정하여 분류하여 보세요.

호랑이　　얼룩말　　사자　　사슴

토끼　　악어　　코끼리　　표범

 확인 2 다음 탈 것들을 분명한 기준을 정하여 분류하여 보세요.

비행기　자동차　오토바이　기차　헬리콥터

• 같은 모양별로 ∨, × 표시를 하면서 세면 빠뜨리거나 두 번 세지 않습니다.

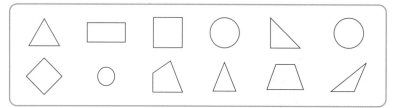

< 모양에 따라 분류하기 >

모양	원	삼각형	사각형
수(개)	3	4	5

Jump 도우미

1 유승이네 반 학생들이 좋아하는 동물을 조사한 것입니다. 동물별로 좋아하는 학생은 몇 명인지 동물들의 종류를 적어 분류하고 세어 보세요.

☆ ∨, × 표시를 하면서 세어 보는 습관을 갖도록 합니다.

토끼	고양이	강아지	토끼	원숭이
강아지	원숭이	강아지	고양이	곰

동물				
학생 수(명)				

2 고운이네 모둠 학생들이 좋아하는 아이스크림을 조사하였습니다. 아이스크림의 종류에 따라 분류하여 학생 수를 세어 보세요.

☆ 아이스크림의 종류에 따라 수를 세어 봅니다.

누가콘	시원바	누가콘	초코바	시원바
초코바	초코바	시원바	누가콘	초코바

아이스크림			
학생 수(명)			

핵심 응용 한별이네 반 어린이들이 좋아하는 음료수를 조사하였습니다. 음료수의
종류에 따라 분류하고 어린이 수를 세어 보세요.

영수 🥛	가영 🥤	웅이 🥛	석기 🥤	동민 🥛	예슬 🥛
우유	콜라	사이다	콜라	우유	주스
한솔 🥛	상연 🥤	효근 🥛	한별 🥤	지혜 🥛	용희 🥛
주스	콜라	우유	콜라	주스	우유

생각
열기 반복해서 세지 않도록 ∨표나 ×표를 하면서 세어 봅니다.

풀이 좋아하는 음료수의 종류는 [ ], [ ], [ ], [ ] 로 **4**가지입니다.
각각의 음료수별로 좋아하는 어린이 수를 세어 보면 다음과 같습니다.

음료수				
학생 수(명)				

5
단원

 1 고운이네 반 어린이들이 입고 있는 옷의 단추를 조사하였습니다. 물
음에 답하세요.

(1) 색깔에 따라 분류하여 세어 보세요.

색깔	파란색	노란색	빨간색
수(개)			

(2) 구멍의 수에 따라 분류하여 세어 보세요.

구멍의 수	구멍이 **2**개인 단추	구멍이 **4**개인 단추
수(개)		

• 분류한 표를 보고 그 결과를 이야기 합니다.

동물	토끼	돼지	닭	소
수(마리)	5	3	9	4

➡ 가장 많은 동물은 닭이고 가장 적은 동물은 돼지입니다. 가장 많은 동물부터 순서대로 쓰면 닭, 토끼, 소, 돼지입니다.

🌿 **사람들이 좋아하는 꽃의 종류를 조사하였습니다. 물음에 답하세요. [1~3]**

장미	장미	튤립	해바라기	장미	튤립
튤립	장미	백합	장미	해바라기	장미
해바라기	백합	해바라기	백합	튤립	장미

1 좋아하는 꽃의 종류에 따라 분류하여 수를 세어 보세요.

꽃				
사람 수(명)				

☆ ∨, × 표시를 하면서 세면 빠뜨리거나 중복하여 세지 않게 됩니다.

2 가장 많은 사람들이 좋아하는 꽃은 무엇인가요?

3 조사한 내용을 바탕으로 꽃집 주인이 가장 많이 준비해야 할 꽃은 무엇인지 말하고, 그 이유를 설명하세요.

☆ 꽃을 많이 판매하려면 어떻게 해야 할지 생각합니다.

핵심 응용

고운이네 반 학생들이 좋아하는 운동을 조사하였습니다. 가장 많은 학생들이 좋아하는 운동은 무엇인지 구해 보세요.

| 야구 | 축구 | 축구 | 수영 | 야구 | 농구 | 수영 | 달리기 |
| 달리기 | 수영 | 농구 | 수영 | 수영 | 축구 | 야구 | 축구 |

 조사한 것을 하나씩 지워 가며 정확히 세어 봅니다.

풀이 야구를 좋아하는 학생은 ☐ 명, 축구를 좋아하는 학생은 ☐ 명, 수영을 좋아하는 학생은 ☐ 명, 농구를 좋아하는 학생은 ☐ 명, 달리기를 좋아 학생은 ☐ 명이므로 가장 많은 학생들이 좋아하는 운동은 ☐ 입니다.

답 _____

5
단원

확인 1 다음은 유승이네 모둠 학생들의 얼굴을 나타낸 것입니다. 물음에 답하세요.

| 남학생 | 여학생 | 여학생 | 남학생 | 여학생 | 남학생 |
| 여학생 | 남학생 | 여학생 | 여학생 | 남학생 | 남학생 |

(1) 안경을 쓴 여학생은 모두 몇 명인가요?

(2) 안경을 쓴 남학생은 모두 몇 명인가요?

(3) 안경을 쓰지 않은 학생은 안경을 쓴 학생보다 몇 명이 더 많은가요?

🌱 기영이네 반 **24**명의 어린이들이 좋아하는 계절을 조사하여 분류하였습니다. 물음에 답하세요. [1~2]

계절	봄	여름	가을	겨울
어린이 수(명)	7	□	3	8

1 기영이네 반 어린이들 중에서 여름을 좋아하는 어린이는 몇 명인가요?

2 좋아하는 어린이 수가 가장 많은 계절과 가장 적은 계절의 어린이 수의 차는 몇 명인가요?

🌱 다음은 재우네 반 학생 **25**명이 좋아하는 반려동물을 조사하여 나타낸 것입니다. 물음에 답하세요. [3~4]

반려동물	강아지	고양이	토끼	앵무새
학생 수(명)	□	5	7	□

3 강아지를 좋아하는 학생이 앵무새를 좋아하는 학생보다 **3**명 더 많습니다. 강아지를 좋아하는 학생은 몇 명인가요?

4 토끼를 좋아하는 학생은 앵무새를 좋아하는 학생보다 몇 명 더 많은가요?

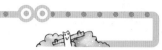

고운이 친구들의 취미를 조사하였습니다. 물음에 답하세요. [5~7]

운동	독서	영화보기	운동	악기연주	운동
독서	악기연주		영화보기	독서	운동
운동	독서	악기연주	운동	독서	영화보기

5 친구들의 취미를 다음과 같이 분류하였습니다. 위의 빈 곳에 들어갈 취미는 무엇인가요?

취미	운동	독서	영화보기	악기연주
친구 수(명)	7	5	3	3

6 위의 빈 곳에 들어갈 취미가 악기연주였다면 운동이 취미인 친구는 악기연주가 취미인 학생보다 몇 명 더 많은가요?

7 위 **5**번의 분류표를 보고 고운이 친구들의 취미에 대해 알 수 있는 점을 써 보세요.

🌱 유은이네 반 어린이들이 가 보고 싶어 하는 나라를 조사하였습니다. 물음에 답하세요.

[8~11]

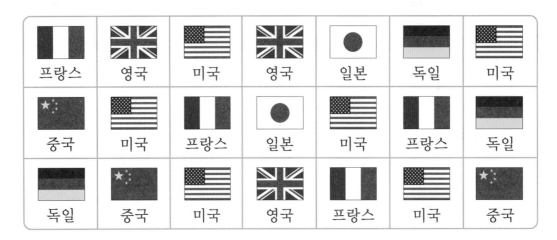

8 유은이네 반 어린이들이 가 보고 싶어 하는 나라를 분류하여 모두 쓰세요.

9 유은이네 반 어린이들을 가 보고 싶어 하는 나라별로 분류하여 표를 만들어 보세요.

나라						
어린이 수(명)						

10 미국이나 중국을 가 보고 싶어 하는 어린이는 모두 몇 명인가요?

11 가장 많은 어린이들이 가 보고 싶어 하는 나라는 어느 나라인가요?

🌱 어느 달의 날씨를 조사한 것입니다. 물음에 답하세요. [12~14]

12 비 온 날과 흐린 날 수의 합이 **15**일입니다. 맑은 날은 며칠인가요?

일	월	화	수	목	금	토
		1 ☂	2 ☂	3 ☀	4 ☀	5 ☀
6 ☀	7 ☁	8 ☁	9 ☀	10 ☀	11 ☀	12 ☂
13 ☁	14	15 ☁	16 ☀	17 ☁	18 ☁	19 ☂
20 ☂	21 ☂	22 ☁	23 ☀	24 ☀	25 ☀	26 ☀
27 ☁	28 ☀	29 ☀	30 ☀	31 ☀		

☀ 맑은 날　☁ 흐린 날　☂ 비 온 날

13 흐린 날과 비 온 날 수의 차가 **3**일입니다. **14**일의 날씨는 어떤 날인가요?

14 맑은 날 수는 흐린 날 수보다 며칠 더 많은가요?

🌱 다음은 여러 종류의 동물입니다. 물음에 답하세요. [15~16]

> 말, 참새, 돼지, 비둘기, 토끼, 소, 고양이,
> 기러기, 사자, 코끼리, 독수리, 딱다구리

15 두 종류로 분류하고 분류한 기준을 써 보세요.

16 하늘을 자유롭게 날 수 있는 동물과 그렇지 못한 동물로 분류할 때, 하늘을 자유롭게 날지 못하는 동물은 자유롭게 날 수 있는 동물보다 몇 마리 더 많은가요?

17 상연이네 학교 학생들이 좋아하는 꽃을 조사하여 나타낸 표입니다. 국화를 좋아하는 학생은 백합을 좋아하는 학생보다 몇 명 더 많은가요?

꽃	장미	튤립	백합	국화	합계
학생 수(명)	24	17	19		85

18 가영이네 학교 학생들의 마을별 학생 수를 조사하여 나타낸 표입니다. 학생 수가 가장 많은 마을과 가장 적은 마을의 학생 수의 차는 몇 명인가요?

마을	해마을	달마을	별마을	꽃마을	합계
학생 수(명)	36	27		23	105

19 유승이네 반 학생들이 좋아하는 동물을 다리 수별로 분류해 본 후 활동하는 곳에 따라 분류하면 다음 표와 같습니다. 하늘에서 활동하는 동물이 땅에서 활동하는 동물보다 **4**마리가 많을 때, 다리 수가 **4**개인 동물은 몇 마리인가요?

다리 수별 동물 수

다리 수	없음	2개	4개
동물 수(마리)	3	15	

활동하는 곳별 동물 수

활동하는 곳	땅	하늘
동물 수(마리)	10	

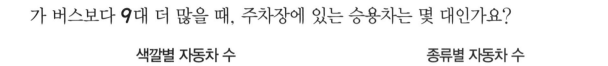
20 대공원 주차장에 있는 자동차를 색깔과 종류에 따라 각각 분류하였습니다. 승용차가 버스보다 **9**대 더 많을 때, 주차장에 있는 승용차는 몇 대인가요?

색깔별 자동차 수

색깔	빨간색	검은색	흰색	회색
자동차 수(대)	4	8	16	7

종류별 자동차 수

종류	승용차	버스	트럭
자동차 수(대)			8

21 예슬이네 반 친구들이 가져온 구슬을 색깔별로 조사한 것입니다. <조건>을 모두 만족하는 노란색 구슬의 수가 될 수 있는 수들의 합을 구해 보세요.

───── 〈조건〉 ─────

• 파란색 구슬은 초록색 구슬보다 **3**개 적습니다.
• 노란색 구슬은 파란색 구슬보다 많습니다.
• 초록색 구슬은 **17**개이고 빨간색 구슬은 가장 많고 **18**개입니다.

22 은지는 집에 있는 블록을 모양별로 분류해 본 후 다시 색깔에 따라 분류하였습니다. 노란색 블록이 파란색 블록보다 **3**개 더 많을 때 파란색 삼각형 블록은 몇 개인가요?

	원	삼각형	사각형
노란색 블록 수(개)	12	15	9
파란색 블록 수(개)	7		14

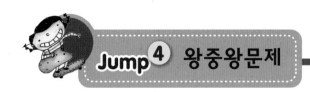 

준우네 모둠 어린이들이 좋아하는 운동을 조사하여 분류하였습니다. 물음에 답하세요.

[1~2]

운동	농구	야구	축구	수영
어린이 수(명)	2	3	□	2

1 축구를 좋아하는 어린이가 가장 많았다면 준우네 모둠 어린이는 적어도 몇 명이라 할 수 있나요?

2 축구를 좋아하는 어린이가 농구를 좋아하는 어린이와 야구를 좋아하는 어린이의 합보다 2명 더 많다면 축구를 좋아하는 어린이 수는 수영을 좋아하는 어린이보다 몇 명 더 많은가요?

3 효근이네 가족이 좋아하는 과일을 조사하여 분류하였습니다. ㉠과 ㉡에 알맞게 써 넣으세요.

할아버지	할머니	아빠	엄마	형	누나	동생	효근
배	사과	포도	사과	사과	포도	사과	㉠

종류	사과	배	포도
사람 수(명)	㉡	2	2

4 일정한 규칙으로 도형을 늘어놓았습니다. **22**째번까지 늘어놓은 도형을 모양에 따라 분류하여 세었을 때, ㉠＋㉡－㉢의 값을 구하세요.

모양	원	삼각형	사각형
도형의 개수	㉠	㉡	㉢

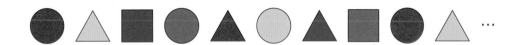

5 상연이는 집에 있는 블록을 모양별로 분류한 후 색깔별로 다시 분류하였습니다. 빨간색 블록이 파란색 블록보다 **6**개 더 많고, 파란색 둥근기둥 모양이 파란색 공 모양보다 **5**개 더 많을 때 ㉠에 알맞은 수는 얼마인가요?

모양	상자	둥근기둥	공
빨간색 블록 수(개)	18	14	12
파란색 블록 수(개)	7		㉠

6 유승이네 반 학생 **24**명의 혈액형을 조사하였습니다. A형이 가장 많고 AB형이 가장 적습니다. B형은 O형보다 많다고 할 때, B형인 학생은 몇 명인가요?

혈액형	A	B	O	AB
학생 수(명)	9			4

7 다음 도형을 선을 따라 모두 자른 후 만들어진 도형을 분류 하였습니다. ㉠, ㉡, ㉢ 중 가장 큰 수와 가장 작은 수의 차를 구해 보세요.

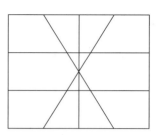

종류	변이 **3**개인 도형	변이 **4**개인 도형	변이 **5**개인 도형
수(개)	㉠	㉡	㉢

8 석기는 상자에 들어 있던 구슬 **33**개를 색깔별로 분류하였습니다. 구슬의 수가 가장 많은 구슬부터 순서대로 쓰면 노란색 구슬, 파란색 구슬, 빨간색 구슬입니다. 노란색 구슬과 파란색 구슬, 파란색 구슬과 빨간색 구슬의 개수의 차가 각각 **3**개씩이라고 할 때, 노란색 구슬은 몇 개인가요?

9 한솔이네 학교 **2**학년 학생 **72**명을 세 개의 각각 다른 분류 기준으로 분류하였습니다. ㉠, ㉡, ㉢ 중 가장 큰 수와 가장 작은 수의 차를 구해 보세요.

남학생	**34**명	안경을 쓴 학생	**28**명	숙제를 한 학생	㉢명
여학생	㉠명	안경을 안 쓴 학생	㉡명	숙제를 안 한 학생	**6**명

10 47명의 학생들에게 사과, 배, 메론, 키위 중 좋아하는 과일을 두 개씩 고르라고 하였습니다. 다음 표에서 그 결과의 일부가 지워졌고 사과를 고른 학생은 28명, 배를 고른 학생은 22명일 때, 키위를 고른 학생은 메론을 고른 학생보다 몇 명 더 많은가요?

사과, 배	사과, 메론	사과, 키위	배, 메론	배, 키위	메론, 키위
9	7	12	5		

11 신영이네 반 학생 22명이 가장 좋아하는 음식을 조사하였습니다. 햄버거를 좋아하는 학생이 가장 많고, 김밥을 좋아하는 학생이 가장 적을 때, 햄버거를 좋아하는 학생은 몇 명인가요?

음식	햄버거	피자	치킨	자장면	김밥
학생 수(명)		6	4	2	

12 유승이네 반 학생 24명은 야유회를 가기 위해 1번부터 순서대로 24번까지 등에 번호를 붙였습니다. 등 번호에 사용된 수 카드 중 가장 많이 사용된 수 카드의 개수를 ㉠, 둘째 번으로 많이 사용된 수 카드의 개수를 ㉡이라 할 때, ㉠-㉡의 값을 구해 보세요. (단, 수 카드에는 0부터 9까지의 수가 1개씩 적혀 있습니다.)

13 오른쪽 자료는 예슬이네 반 학생 **24**명이 좋아하는 계절을 조사한 것입니다. 좋아하는 계절별로 분류된 표를 보고 얼룩으로 보이지 않는 부분 중에서 가을은 몇 번 쓰여 있는지 구해 보세요.

봄	가을	겨울	여름	여름	가을
가을	여름	봄	가을		
겨울	여름	가을			
가을	겨울	겨울			

〈좋아하는 계절별 학생 수〉

계절	봄	여름	가을	겨울
학생 수(명)	3	7		6

14 한별이네 반 학생들이 가져온 구슬을 색깔에 따라 조사한 것입니다. 〈조사한 내용〉을 모두 만족하는 빨간색 구슬의 수가 될 수 있는 수의 합은 얼마인가요?

〈조사한 내용〉
- 초록색 구슬은 파란색 구슬보다 **26**개 더 많습니다.
- 빨간색 구슬은 초록색 구슬보다 많습니다.
- 가장 많이 가져온 구슬은 노란색 구슬입니다.

색깔	빨간색	파란색	노란색	초록색
구슬의 수(개)		38	69	

15 오른쪽 표는 석기네 반에서 진행 중인 회장 선거의 개표 상황입니다. 석기네 반 학생은 모두 **25**명이고 개표 결과 **1**등은 **2**등과 **3**표 차이가 났으며, **2**등은 **3**등과 **4**표 차이가 났습니다. 개표 결과 **1**등인 학생은 몇 표를 얻었나요? (단, 반 학생은 모두 투표했고 무효표는 없습니다.)

석기	///
지혜	卌 卌
송이	卌 /
고운	//

16 유승이네 반 학생들이 좋아하는 동물을 조사한 표인데 일부가 찢어져 보이지 않습니다. 햄스터를 좋아하는 학생이 원숭이를 좋아하는 학생보다 **2**명이 더 많을 때 강아지를 좋아하는 학생은 햄스터를 좋아하는 학생보다 몇 명 더 많은가요?

이름	동물	이름	동물	이름	동물
유승	토끼	동민	강아지	상연	강아지
예슬	햄스터	효근	고양이	유경	강아지
가영	고양이	영수	토끼	혜은	고양이
지혜	토끼	신영	원숭이	다음	강아지
석기	강아지	용희	햄스터	원희	
한초	토끼	한솔	강아지	규형	

좋아하는 동물별 학생 수

동물	토끼	고양이	햄스터	강아지	원숭이	합계
학생 수(명)	5					

1 유승이는 숫자가 쓰여 있는 공을 보기와 같이 두 모둠으로 분류하였습니다. 숫자가 쓰여진 다음 공들을 유승이의 기준에 따라 분류해보고 분류한 방법을 써 보세요.

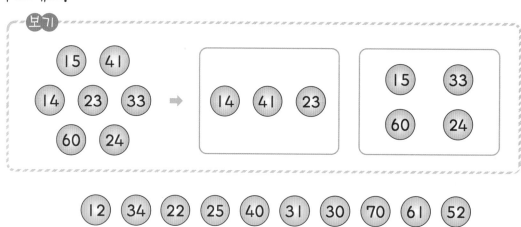

2 고운이는 도형을 다음과 같이 두 모둠으로 분류하였습니다. 어떤 기준에 따라 분류하였는지 써 보세요.

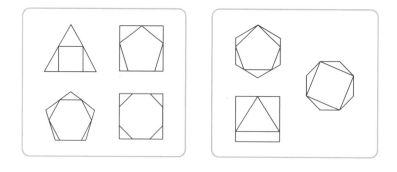

단원 **6** 곱셈

1 묶어서 세기, 몇의 몇 배

2 곱셈 알아보기

3 곱셈식으로 나타내기

💬 **이야기 수학**

🏠 **곱셈은 언제 이용하면 좋을까?**

학의 다리는 **2**개이고, 코스모스 꽃은 꽃잎이 **8**장입니다.

이와 같이 동물이나 식물은 언제, 어디나 같은 개수씩 붙어있거나 같은 개수로 이루어져 있는 경우가 있습니다.

또 사람이 만든 물건 중에도 자전거의 바퀴가 **2**개로 되어 있는 것처럼, 어느 것이나 같은 개수로 되어 있는 경우가 있습니다.

이와 같이 '어느 것이나 같은 개수'로 되어 있을 때 전체의 개수를 구하는 데 이용하는 계산이 곱셈입니다.

🍡 **묶어 세기**

· **2**씩 묶어 세기

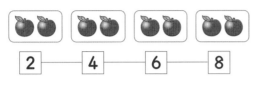

| 2 | 4 | 6 | 8 |

· **3**씩 묶어 세기

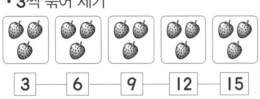

| 3 | 6 | 9 | 12 | 15 |

🍡 **몇 배 알아보기**

· **3**씩 **4**묶음은 **3＋3＋3＋3＝12**입니다.
· **3**씩 **4**묶음은 **3**의 **4**배라고 합니다.
· **3**의 **4**배는 **12**입니다.
· **12**는 **3**의 **4**배입니다.

Jump 도우미

1 그림을 보고, □ 안에 알맞은 수를 써넣으세요.

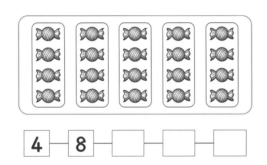

| 4 | 8 | | | |

2 그림을 보고, □ 안에 알맞은 수를 써넣으세요.

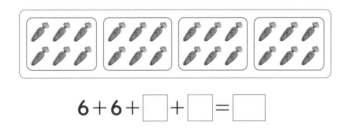

6＋6＋□**＋**□**＝**□

☆ **6**씩 몇 묶음인지 알아봅니다.

3 준우의 동생은 **3**살입니다. 준우의 나이는 동생 나이의 **3**배입니다. 준우의 나이는 몇 살인가요?

4 사탕을 고운이는 **20**개 가지고 있고, 동생은 **5**개 가지고 있습니다. 고운이가 가진 사탕은 동생이 가진 사탕의 몇 배인가요?

☆ 사탕 **20**개를 **5**개씩 묶으면 **4**묶음이 됩니다.

핵심 응용

받아쓰기 시험을 **20**문제 보았습니다. 지혜의 짝꿍은 **6**문제를 맞았고, 지혜는 짝꿍의 **3**배를 맞았습니다. 지혜가 받아쓰기 시험에서 틀린 문제는 몇 문제인가요?

 틀린 문제의 수는 전체 문제의 수에서 맞은 문제의 수만큼을 빼 줍니다.

풀이 받아쓰기 시험에서 지혜가 맞은 문제의 수는 짝꿍의 ☐배이므로

☐ + ☐ + ☐ = ☐ (문제)입니다.

(틀린 문제의 수) = (전체 문제의 수) − (맞은 문제의 수)

= ☐ − ☐ = ☐ (문제)

따라서 지혜는 받아쓰기 시험에서 ☐ 문제 틀렸습니다.

답 _____

6
단원

1 다음과 같이 접시 **8**개에 사과가 담겨 있습니다. 이 사과를 한 접시에 **4**개씩 담으면 몇 접시가 되나요?

2 구슬을 지혜는 **7**개씩 **5**묶음 가지고 있고, 지우는 **6**개씩 **6**묶음 가지고 있습니다. 지혜와 지우 중에서 누가 구슬을 더 많이 가지고 있나요?

- 5의 3배를 5×3이라고 씁니다. 5×3은 5 곱하기 3이라고 읽습니다.
- 5의 3배는 15입니다. 이것을 5×3=15라 쓰고, 5 곱하기 3은 15와 같습니다 라고 읽습니다.
- 5+5+5=15 ➡ 5×3=15

Jump 도우미

1 덧셈식을 곱셈식으로 나타내 보세요.

$$6+6+6+6+6=30$$

2 □ 안에 알맞은 수를 써넣으세요.

$$7+7+7+7=\boxed{} \Rightarrow \boxed{} \times \boxed{} = \boxed{}$$

☆ ●+●+…+●
  └──── ▲번 ────┘
➡ ●×▲

3 사과를 5개씩 묶고, 사과의 수를 곱셈식으로 나타내 보세요.

5의 3배는 15입니다. 이것을 5×3=15라고 쓰고, 이러한 식을 곱셈식이라고 합니다.

4 구멍이 3개인 단추가 6개 있습니다. 단추의 구멍은 모두 몇 개인지 곱셈식으로 나타내 보세요.

☆ 3+3+3+3+3+3입니다.

5 닭이 7마리 있습니다. 닭의 다리는 모두 몇 개인지 곱셈식으로 나타내 보세요.

핵심 응용 책상 위에 공책 **4**묶음과 낱개 **3**권이 있습니다. 공책 한 묶음이 **9**권씩 이라면 책상 위에 있는 공책은 모두 몇 권인가요?

생각 열기 ■씩 ▲묶음을 곱셈식으로 만들어 봅니다.

풀이 **9**씩 **4**묶음은 **9**의 ☐ 배이므로

$9 \times \boxed{} = \boxed{} + \boxed{} + \boxed{} + \boxed{} = \boxed{}$ 입니다.

따라서 책상 위에 있는 공책은 모두 ☐ **+ 3 =** ☐ (권)입니다.

답 _____

 1 나타내는 수가 **16**인 것을 모두 찾아 기호를 쓰세요.

> ㉠ **4**의 **6**배 ㉡ **2**씩 **8**묶음
>
> ㉢ **3**과 **6**의 곱 ㉣ **4**씩 **4**줄

6 단원

 2 재우의 나이는 **8**살이고, 아버지의 나이는 재우 나이의 **5**배보다 **3**살 더 적습니다. 아버지의 나이는 몇 살인가요?

 3 효심이는 면봉을 **50**개 가지고 있습니다. 오른쪽 그림과 같이 면봉 **6**개를 사용하여 만든 모양은 몇 개까지 만들 수 있나요?

공원에 있는 **5**개의 의자에 각각 **3**명씩 앉아 있습니다. 의자에 앉아 있는 사람은 모두 몇 명인가요?

· 덧셈식으로 나타내기 : $3+3+3+3+3=15$

· 곱셈식으로 나타내기 : $3×5=15$

· 답 구하기 : **15**명

 Jump 도우미

1 빵이 **5**개씩 담겨 있는 바구니가 **8**개 있습니다. 빵은 모두 몇 개인가요?

☆ ■씩 ▲묶음, ■의 ▲배를 곱셈식으로 나타내면 ■×▲입니다.

2 어린이들이 **6**명씩 **6**줄로 서서 체조를 하고 있습니다. 체조를 하고 있는 어린이는 모두 몇 명인가요?

3 **7**과 **8**의 곱과 **9**와 **8**의 곱의 차를 구해 보세요.

☆ $7×8=7+7+7+7+7$
$\qquad +7+7+7$
$9×8=9+9+9+9+9$
$\qquad +9+9+9$

4 ◯ 안에 >, <를 알맞게 써넣으세요.

~묶음, ~배, ~줄 등은 곱셈식으로 나타낼 수 있습니다.

(1) **5**씩 **6**묶음 ◯ **6**의 **4**배

(2) $9×4$ ◯ $7+7+7+7+7+7$

5 그림을 보고 만들 수 있는 곱셈식을 써 보세요.

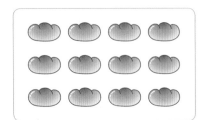

$2×\boxed{}=\boxed{}$

$3×\boxed{}=\boxed{}$

$4×\boxed{}=\boxed{}$

$6×\boxed{}=\boxed{}$

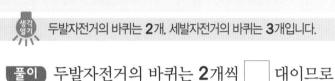 놀이터에 두발자전거 **4**대, 세발자전거 **6**대가 있습니다. 놀이터에 있는 자전거 바퀴는 모두 몇 개인가요?

> 두발자전거의 바퀴는 **2**개, 세발자전거의 바퀴는 **3**개입니다.

풀이 두발자전거의 바퀴는 **2**개씩 ☐ 대이므로

$2 \times$ ☐ $= 2 + 2 +$ ☐ $+$ ☐ $=$ ☐ (개)이고,

세발자전거의 바퀴는 **3**개씩 ☐ 대이므로

$3 \times$ ☐ $=$ ☐ $+$ ☐ $+$ ☐ $+$ ☐ $+$ ☐ $+$ ☐ $=$ ☐ (개)입니다.

따라서 놀이터에 있는 자전거 바퀴는 모두 ☐ $+$ ☐ $=$ ☐ (개)입니다.

답 _____

 1 귤이 한 상자에 **7**개씩 **6**줄로 들어 있습니다. 준우는 귤 두 상자를 샀습니다. 준우가 산 귤은 모두 몇 개인가요?

 2 다음 그림과 같이 가로선과 세로선이 만나는 곳에 바둑돌을 놓았습니다. 종이로 가려진 바둑돌은 모두 몇 개인가요?

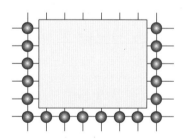

 3 기영이는 색종이를 **9**장씩 **5**묶음 가지고 있고, 준우는 색종이를 **8**장씩 **6**묶음 가지고 있습니다. 색종이를 누가 몇 장 더 많이 가지고 있나요?

1 준호는 지우개를 **2**개씩 **3**묶음 가지고 있습니다. 형은 준호가 가지고 있는 지우개의 **3**배보다 **3**개를 더 많이 가지고 있습니다. 형이 가지고 있는 지우개는 몇 개인가요?

2 어떤 수에 **5**를 곱해야 할 것을 잘못하여 **6**을 곱하였더니 **48**이 되었습니다. 바르게 계산한 값은 얼마인가요?

3 나타내는 수가 가장 큰 것부터 순서대로 기호를 쓰세요.

> ㉠ **7**씩 **5**줄 ㉡ **4**와 **8**의 곱
>
> ㉢ **6**의 **7**배 ㉣ **9**씩 **5**묶음

4 사탕이 한 봉지에 **6**개씩 **6**봉지 있습니다. 이 사탕을 한 사람에게 **9**개씩 주려고 합니다. 몇 명에게 줄 수 있나요?

5 최상위팀 **8**명과 실력팀 **8**명이 이어달리기를 하려고 합니다. 연필을 이긴 팀의 선수들에게는 **5**자루씩, 진 팀의 선수들에게는 **3**자루씩 주려고 합니다. 연필은 모두 몇 자루 필요한가요?

6 기영이와 준우는 종이학을 접었습니다. 기영이는 하루에 **7**개씩 **8**일 동안 접었고, 준우는 하루에 **6**개씩 **1**주일 동안 접었습니다. 종이학을 누가 몇 개 더 많이 접었나요?

7   1부터 9까지의 수 중 □ 안에 들어갈 수 있는 수는 모두 몇 개인가요?

$$9 \times \boxed{} > 35$$

8   자전거 가게에 두발자전거와 세발자전거가 있습니다. 두발자전거의 바퀴를 세어 보니 18개였고, 세발자전거의 바퀴를 세어 보니 24개였습니다. 자전거 가게에 있는 두발자전거와 세발자전거는 모두 몇 대인가요?

9   다음과 같이 면봉을 사용하여 삼각형과 오각형을 만들었습니다. 이러한 삼각형 7개와 오각형 9개를 만들려면 면봉은 모두 몇 개가 필요하나요?

10 나무막대와 공 모양의 고무찰흙으로 오른쪽 그림과 같은 삼각형 **4**개를 만들려고 합니다. 나무막대와 공 모양의 고무찰흙은 각각 몇 개씩 필요한가요?

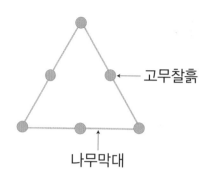

고무찰흙

나무막대

11 유승이는 색종이 **9**장을 가지고 있고 효심이는 유승이가 가지고 있는 색종이 수의 **6**배를 가지고 있습니다. 고운이는 효심이보다 **4**장 적게 가지고 있다면 고운이가 가지고 있는 색종이는 몇 장인가요?

12 ★에 알맞은 수는 얼마인가요?

> · ●는 **5**부터 **6**씩 **8**번 뛰어 센 수입니다.
> · ●는 ★보다 **19**만큼 더 작은 수입니다.

13 ◆을 다음과 같이 약속합니다. 이때, 2 ◆ 5와 9 ◆ 3의 합은 얼마인가요?

$$가 ◆ 나 = 가 × 나 - 가$$

14 초콜릿을 5개까지 담을 수 있는 상자가 6개, 6개까지 담을 수 있는 상자가 7개 있습니다. 초콜릿 80개를 상자에 가득 담아 채우고 남는 것은 몇 개인가요?

15 오른쪽 곱셈표에서 ㉮에 들어갈 수는 얼마인가요?
(단, ㉮, ㉯, ㉰는 모두 한 자리 수입니다.)

×	7	㉮	3
2	14		
㉯		54	
4	28		12
㉰		48	

16 기영이는 한 봉지에 **8**개씩 들어 있는 사탕을 **9**봉지 가지고 있습니다. 기영이가 하루에 사탕 **5**개씩 일주일 동안 먹는다면 남는 사탕은 몇 개인가요?

17 어떤 수 ★을 **40**번 더한 수와 ★을 **36**번 더한 수의 차가 **24**입니다. 어떤 수 ★의 값은 얼마인가요?

18 ㉠과 ㉡에 알맞은 수를 찾아 합을 구하면 얼마인가요?

$$7+7+7+7+7+7=7×㉠$$
$$㉡+㉡+㉡+㉡+㉡+㉡+㉡=56$$

1 현재 동생의 나이는 **5**살이고, 형의 나이는 동생의 나이의 **3**배입니다. 동생이 현재 형의 나이가 되었을 때, 형의 나이는 몇 살인가요?

2 다음 **7**장의 숫자 카드 중에서 **2**장을 뽑아 두 수를 곱합니다. 이때 나올 수 있는 가장 큰 곱과 가장 작은 곱의 차는 얼마인가요?

$$3 \quad 7 \quad 8 \quad 6 \quad 4 \quad 5 \quad 9$$

3 ●＋■＋♥＋★가 가장 작을 때의 값은 얼마인가요? (단, ●, ■, ♥, ★는 서로 다른 수입니다.)

$$● \times 6 = ■ \qquad ♥ \times 4 = 16 \qquad ♥ \times ★ = ■$$

4 그림과 같이 면봉을 사용하여 삼각형을 만들어 갑니다. 삼각형이 **9**개가 될 때까지 면봉을 사용할 때, 면봉은 몇 개가 사용되나요?

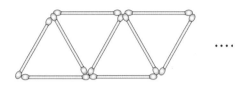

5 **1**부터 **9**까지의 수 중에서 □ 안에 공통으로 들어갈 수 있는 수들의 합은 얼마인가요?

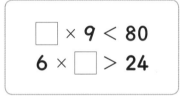

6 다음 조건을 보고 유은이의 현재 나이를 구해 보세요.

- 현재 유은이의 나이는 준우 나이의 **2**배보다 **1**살 적습니다.
- 현재 고운이의 나이는 준우보다 **4**살 많습니다.
- 고운이는 **3**년 후 **15**살이 됩니다.

7 재우는 길이가 서로 다른 **3**종류의 나무 막대와 찰흙 덩어리를 사용하여 오른쪽 그림과 같이 만들었습니다. 사용한 나무 막대의 길이는 모두 몇 cm인가요?

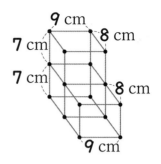

8 유승이와 고운이는 각자 **80**쪽인 수학 문제집을 풀었습니다. 유승이는 하루에 **5**쪽씩 **9**일 동안 풀었고, 고운이는 하루에 **7**쪽씩 **8**일 동안 풀었습니다. 풀지 않은 쪽수는 누가 몇 쪽 더 많은가요?

9 [그림 **1**]과 같은 사각형 모양의 카드를 겹치지 않도록 늘어놓아 [그림 **2**]와 같이 네 변의 길이가 모두 같은 사각형을 만들었습니다. 만든 사각형의 한 변은 몇 cm인가요? (단, 사각형을 만들 때 카드 수는 될 수 있는 한 적게 사용합니다.)

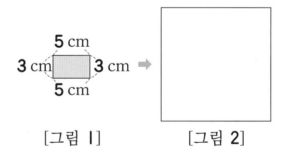

10 ♥에 알맞은 수는 얼마인가요?

> · ★은 **7**부터 **5**씩 **8**번 뛰어 센 수보다 **5**만큼 더 작은 수입니다.
> · ★은 ♥의 **8**배보다 **2**만큼 더 큰 수입니다.

11 보기와 같은 방법으로 계산할 때, □ 안에 알맞은 수를 구해 보세요.

> 보기
>
> ㉮ ♥ ㉯ = ㉮ × ㉯ + ㉮

$$\boxed{} \; ♥ \; 7 = 32$$

12 오른쪽 그림과 같이 면봉으로 사각형 모양을 만들고 있습니다. 사각형 모양을 **6**개 만들려면 면봉은 모두 몇 개 필요하나요?

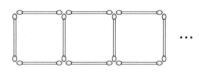

13 준우는 연필을 **3**자루씩 **5**묶음 가지고 있고 고운이는 준우가 가지고 있는 연필 자루 수의 **3**배보다 **20**자루 적게 가지고 있습니다. 기영이는 고운이보다 **7**자루 적게 가지고 있다면 기영이가 가지고 있는 연필은 몇 자루인가요?

14 다음 식에서 ♥는 같은 숫자입니다. ♥는 얼마인가요? (단, ♥와 ◆는 한 자리 숫자입니다.)

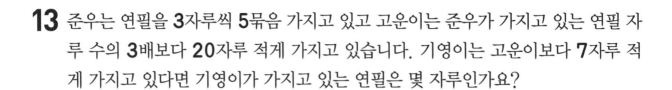

$$♥+♥+♥+♥+♥+♥+♥+♥+♥=◆2$$

15 어느 공장에서는 기계 한 대로 **3**분 동안 인형을 **2**개 만들 수 있다고 합니다. 이 기계 **3**대로 **15**분 동안 만들 수 있는 인형은 모두 몇 개인가요?

16 면봉을 사용하여 다음과 같이 육각형을 만들어 갑니다. 사용한 면봉이 **36**개라면 육각형은 몇 개 만들 수 있나요?

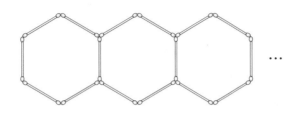

...

17 3개의 수 **2**, **4**, **6** 중 서로 다른 두 수를 사용하여 덧셈식과 곱셈식을 만들면 다음과 같이 **5**개의 서로 다른 수를 만들 수 있습니다. **5**개의 수 **1**, **3**, **5**, **7**, **9** 중 서로 다른 두 수를 사용하여 덧셈식과 곱셈식으로 만들 수 있는 서로 다른 수는 모두 몇 개인가요?

> 덧셈식 : **2+4=⑥**, **2+6=⑧**, **4+6=⑩**
> 곱셈식 : **2×4=⑧**, **2×6=⑫**, **4×6=㉔**

18 수를 넣으면 다음과 같이 한 자리 수가 나올 때까지 각 자리의 숫자를 곱셈으로 새로운 수를 만드는 상자가 있습니다. 이 상자에 두 자리 수를 넣었을 때 **5**가 나오는 수는 모두 몇 개인가요?

23 $\xrightarrow{2×3=6}$ 36 $\xrightarrow{3×6=18, 1×8=8}$ 8 89 $\xrightarrow{8×9=72, 7×2=14, 1×4=4}$ 4

1 다음에서 이것이 될 수 있는 수들을 모두 더하면 얼마인가요?

> • 이것의 **5**배는 **40**보다 작습니다.
> • 이것의 **8**배는 **40**보다 큽니다.
> • 이것은 **3**보다 크고 **11**보다 작은 수입니다.

2 길이가 **7** cm, **4** cm인 색 테이프가 각각 **5**장씩 있습니다. 그림과 같이 **10**장을 번갈아 가며 **1** cm씩 겹쳐서 이어 붙였습니다. 이어 붙인 색 테이프의 전체 길이는 몇 cm인가요?

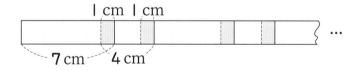

점프
왕수학

최상위 5%
도약을 위한

최상위

정답과 풀이

2-1

(주)에듀왕

정답과 풀이

1 세 자리 수

Jump 1 핵심알기 6쪽

1 10개	2 3
3 30권	4 600원
5 300개	

1 100은 10이 10개인 수입니다.

2 97보다 3만큼 더 큰 수는 100입니다.

4 100원짜리 동전이 몇 개 남았는지 알아봅니다.
100원짜리 동전 8개에서 2개를 사용했으므로
100원짜리 동전이 6개 남았습니다.
따라서 효심이에게 남은 돈은 600원입니다.

5 10개씩 3상자이면 30개이고, 10개씩 30상자이
면 300개입니다.

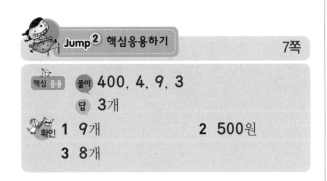

Jump 2 핵심응용하기 7쪽

핵심 응용 풀이 400, 4, 9, 3
답 3개
확인 1 9개 2 500원
3 8개

1 100이 2개, 10이 70개인 수는 900입니다.
900은 100이 9개인 수입니다.

2 100원짜리 동전 7개 중에서 고운이가 4개를 집
었으므로 100원짜리 동전은 3개 남았습니다. 따
라서 책상 위에 남은 돈은 100원짜리 동전 3개,
10원짜리 동전 20개이므로 500원입니다.

3 50원짜리 동전 7개로는 100원짜리 동전 3개와
50원짜리 동전 1개로 바꿀 수 있습니다. 남은 50
원짜리 동전 1개와 10원짜리 동전 26개로는
100원짜리 동전 3개와 10원짜리 동전 1개로 바
꿀 수 있습니다.
따라서 100원짜리 동전은 2+3+3=8(개)가 됩
니다.

Jump 1 핵심알기 8쪽

1 60	2 959
3 9, 8, 3	4 351
5 437, 사백삼십칠	

1 6은 십의 자리 숫자이므로 60을 나타냅니다.

2 10이 15개인 수는 10이 10개, 10이 5개인 수이
므로 100이 1개, 10이 5개인 수와 같습니다.
100이 8개이면 800 ┐
 10이 15개이면 150 ├ 959
  1이 9개이면   9 ┘

5 10이 23개이면 230이므로
100이 4개, 10이 3개, 1이 7개인 수입니다.
➡ 437, 사백삼십칠

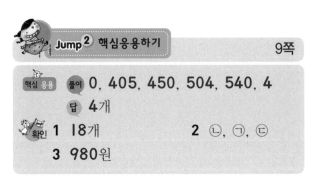

Jump 2 핵심응용하기 9쪽

핵심 응용 풀이 0, 405, 450, 504, 540, 4
답 4개
확인 1 18개 2 ㉡, ㉠, ㉢
3 980원

1 백의 자리 숫자가 3인 경우 :
305, 307, 350, 357, 370, 375 ➡ 6개
백의 자리 숫자가 5인 경우 :
503, 507, 530, 537, 570, 573 ➡ 6개
백의 자리 숫자가 7인 경우 :
703, 705, 730, 735, 750, 753 ➡ 6개
따라서 만들 수 있는 세 자리 수는 모두
6+6+6=18(개)입니다.

2 ㉠ 179에서 숫자 7은 십의 자리 숫자이므로 70
을 나타냅니다.
㉡ 732에서 숫자 7은 백의 자리 숫자이므로
700을 나타냅니다.
㉢ 957에서 숫자 7은 일의 자리 숫자이므로
7을 나타냅니다.

따라서 숫자 **7**이 나타내는 값이 가장 큰 것부터 순서대로 기호를 쓰면 ⓒ, ㉠, ⓒ입니다.

3 일주일은 **7**일입니다.

50원짜리 **2**개는 **100**원과 같으므로 일주일 동안 모은 돈은 **100**원짜리 동전 **7**개와 **10**원짜리 동전 **28**개를 모은 것과 같습니다.

따라서 기영이가 일주일 동안 모은 돈은 **980**원입니다.

Jump 1 핵심알기 10쪽

1 299, 301	**2** 280
3 525, 530	**4** 497
5 50	

1 바로 앞의 수는 **300**보다 **1**만큼 더 작은 수인 **299**이고, 바로 뒤의 수는 **300**보다 **1**만큼 더 큰 수인 **301**입니다.

2 279와 281은 포함되지 않습니다.

3 515−520, 535−540이므로 5씩 뛰어 세기한 것입니다.

4 467에서 10씩 3번 뛰어 세면 467−477−487−497입니다.

5 십의 자리 숫자가 **5**씩 커지므로 **50**씩 뛰어서 센 것입니다.

Jump 2 핵심응용하기 11쪽

핵심 응용 풀이 20, 20, 656, 656, 20, 676, 20, 736

답 ㉠ : 656, ㉡ : 676, ㉢ : 736

확인 **1** 200쪽 **2** 714
3 592

---

1 120에서 20씩 4번 뛰어 세기를 하면 120−140−160−180−200입니다.

따라서 지우는 위인전을 **4**일 후에는 **200**쪽까지 읽게 됩니다.

2 100이 3개이면 300, 10이 25개이면 250, 1이 14개이면 14이므로 564입니다.

따라서 **564**에서 큰 쪽으로 **30**씩 **5**번 뛰어 세기를 하면
564−594−624−654−684−714입니다.

3 어떤 수는 **702**보다 **10**만큼 더 작은 수이므로 **692**입니다.

따라서 어떤 수 **692**보다 **100**만큼 더 작은 수는 **592**입니다.

Jump 1 핵심알기 12쪽

1 (1) > (2) >	**2** 서우
3 676, 677, 678, 679, 680, 681, 682	
4 999, 100	**5** 5, 6

1 (1) 9̲25>8̲12 (2) 43̲7>43̲1
  9>8   7>1

2 273>228이므로 서우네 마당에 있는 나무가 더 큽니다.

3 676부터 682까지의 수입니다.

4 세 자리 수는 100부터 999까지의 수입니다.

5 458>4̲38이므로 □ 안에 들어갈 수 있는 숫자는 4보다 큰 숫자입니다.

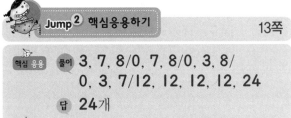

Jump② 핵심응용하기 13쪽

핵심응용 풀이 3, 7, 8/0, 7, 8/0, 3, 8/
0, 3, 7/12, 12, 12, 12, 24

답 24개

확인 1 17개 2 5, 6
3 10개

1 백의 자리 숫자가 4일 때
➡ 410부터 419까지 10개
백의 자리 숫자가 5일 때
➡ 510부터 516까지 7개
따라서 십의 자리 숫자가 1인 수는
10+7=17(개)입니다.

2 □45>539이므로 □ 안에 들어갈 수 있는 숫
자는 5, 6, 7, 8, 9입니다.
2□8<274이므로 □ 안에 들어갈 수 있는 숫
자는 0, 1, 2, 3, 4, 5, 6입니다.
따라서 □ 안에 공통으로 들어갈 수 있는 숫자는
5, 6입니다.

3 301부터 309까지 십의 자리 숫자는 모두 0입니
다. ➡ 9개
310에서 일의 자리 숫자가 0이므로 찾을 수 있는
숫자 0은 모두 9+1=10(개)입니다.

Jump③ 왕문제 14~19쪽

1 19개	**2** 281
3 기영	**4** 1, 2, 3, 4
5 460	**6** ㉡, ㉢, ㉠, ㉣
7 48개	**8** 9개
9 28개	**10** 24개
11 547	**12** 16개
13 ㉠	**14** 9
15 300, 600	**16** 다 가 나
17 440	**18** 587

1 403, 413, 423, 433, …, 493 ➡ 10개
430, 431, 432, 433, …, 439 ➡ 10개
그런데 433은 일의 자리와 십의 자리에서 두 번
세었으므로 숫자 3이 들어 있는 수는 모두
10+10-1=19(개)입니다.

2 십의 자리 숫자가 6이므로 □6□인 수 중에서 가
장 작은 수는 160이고 둘째 번으로 작은 수는
161입니다.
따라서 161에서 10씩 12번 뛰어 센 수는 100씩
1번, 10씩 2번 뛰어 센 수와 같으므로 281입니다.

161 ──100씩 1번 뛰어 센 수──➡ 261
──10씩 2번 뛰어 센 수──➡ 281

3 백의 자리 숫자를 비교하면 2<3이므로 고운이
와 기영, 서우가 이안이와 준우보다 많이 모았습니
다.
고운이와 기영이의 십의 자리 숫자를 비교하면
7<9이고, 서우의 십의 자리에 9를 넣어도
394<395입니다.
따라서 스티커를 가장 많이 모은 사람은 기영이입
니다.

4 ㉠에 들어갈 수 있는 숫자 : 1, 2, 3, 4, 5
㉡에 들어갈 수 있는 숫자 : 0, 1, 2, 3, 4
㉠과 ㉡에 공통으로 들어갈 수 있는 숫자 : 1, 2,
3, 4

5 백의 자리에는 0이 올 수 없습니다.
가장 작은 수 : 406
둘째 번으로 작은 수 : 408
셋째 번으로 작은 수 : 460

6 ㉠ 500 ㉡ 547 ㉢ 532 ㉣ 467
따라서 가장 큰 수부터 순서대로 기호를 쓰면
㉡, ㉢, ㉠, ㉣입니다.

7 백의 자리 숫자가 1일 때:
103, 105, 107, 130, 135, 137, 150,
153, 157, 170, 173, 175이므로 12개입니다.
백의 자리 숫자가 1일 때 12개를 만들 수 있고 백
의 자리 숫자가 3, 5, 7일 때에도 각각 12개씩 만
들 수 있습니다.
따라서 만들 수 있는 세 자리 수는 모두
12+12+12+12=48(개)입니다.

8 50원짜리 9개는 100원짜리 4개와 50원짜리 1개이며, 50원짜리 1개와 10원짜리 28개로는 100원짜리 3개와 10원짜리 3개인 셈이므로 100원짜리 동전은 2+4+3=9(개)가 됩니다.

9 백의 자리 숫자가 1인 경우 : 130, 141, 152, 163, 174, 185, 196 ➡ 7개
백의 자리 숫자가 2, 3, 4인 경우도 각각 7개이므로 7+7+7+7=28(개)입니다.

10 백의 자리 숫자가 4인 경우 만들 수 있는 세 자리 수는 다음과 같이 12개입니다.

$$4-0\langle{3\atop6}\atop7 \quad 4-3\langle{0\atop6}\atop7 \quad 4-6\langle{0\atop3}\atop7 \quad 4-7\langle{0\atop3}\atop6$$

백의 자리 숫자가 6인 경우 만들 수 있는 세 자리 수도 12개이므로 400보다 크고 700보다 작은 수는 12+12=24(개)입니다.

11 백의 자리가 3인 세 자리 수 중 셋째 번으로 큰 수는 397이고, 10씩 15번 뛰어 세는 것은 100씩 1번, 10씩 5번 뛰어 세는 것이므로 497에서 10씩 5번 뛰어 센 수는 547입니다.

12 494부터 649까지의 수에서 찾습니다.
499, 500, 511, 522, 533, 544, 555, 566, 577, 588, 599, 600, 611, 622, 633, 644로 모두 16개입니다.

13 ㉡은 백의 자리 숫자가 ㉠과 ㉢보다 작으므로 ㉠과 ㉢만 비교합니다. □ 안에 가장 작은 0을 넣더라도 ㉠은 502, ㉢은 500으로 ㉠이 더 큽니다. 따라서 가장 큰 수는 ㉠입니다.

14 100이 6개이면 600 ⎤
  10이 25개이면 250 ⎬ 893
  1이 43개이면 43 ⎦
따라서 893보다 7만큼 더 큰 수는 900이므로 900은 100이 9개인 수입니다.

15 ○ 안의 수는 100씩 커지는 규칙이고, △ 안의 수는 100씩 작아지는 규칙입니다.

(100) (900) (200) (800) (300) (700) (400) (600)

16 가 다 나 > 나 다 가 에서 가 > 나,
다 나 가 > 가 나 다 에서 다 > 가
이므로 다 > 가 > 나 입니다.

따라서 만들 수 있는 가장 큰 수는 다 가 나 입니다.

17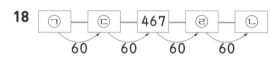

30씩 뛰어 세기 한 것으로 ㉠은 240, ㉡은 300, ㉢은 330, 가는 360입니다.
따라서 360에서 20씩 4번 뛰어 세기 한 수는
360-380-400-420-440에서 440입니다.

18 ㉠ → ㉢ → 467 → ㉣ → ㉡ (60씩)

㉡은 ㉠에서부터 60씩 4번 뛰어 세기 한 것이므로 ㉣은 527, ㉡은 587입니다.

Jump④ 왕중왕문제 20~25쪽

1 6개	2 5개
3 54개	4 271개
5 7개	6 26개
7 25개	8 757
9 5개	10 15개
11 10개	12 21개
13 46	
14 457-527-597-667-737	
15 16개	16 465
17 899	18 836

1 일의 자리에 0부터 순서대로 넣어 조건에 맞는 수를 생각해 봅니다.
따라서 유승이가 만들 수 있는 세 자리 수는 420, 531, 642, 753, 864, 975이므로 모두 6개입니다.

2 백의 자리 숫자가 일의 자리 숫자보다 1만큼 더 큰 수 : 1□0, 2□1, 3□2, 4□3, 5□4, 6□5, 7□6, 8□7, 9□8
이 중에서 일의 자리 숫자와 백의 자리 숫자의 합이 십의 자리 숫자가 되는 것은 1□0, 2□1, 3□2, 4□3, 5□4입니다.
따라서 세 가지 조건을 모두 만족하는 수는 5개입니다.

3 376보다 큰 세 자리 수 중에서 백의 자리 숫자가 3일 때 백의 자리 숫자가 십의 자리 숫자보다 큰 수는 없습니다. 백의 자리 숫자가 4인 수 중에서 백의 자리 숫자가 십의 자리 숫자보다 큰 수는 400부터 439까지의 수이므로 40개이고, 백의 자리 숫자가 5인 수 중에서 백의 자리 숫자가 십의 자리 숫자보다 큰 수는 500부터 513까지의 수이므로 14개입니다.
따라서 백의 자리 숫자가 십의 자리 숫자보다 큰 수는 40+14=54(개)입니다.

4 효심이는 최대 282개, 미루는 272개를 가지므로 준우가 가질 수 있는 구슬의 수는 268개, 269개, 270개, 271개입니다.
따라서 준우는 구슬을 271개까지 가질 수 있습니다.

5 일의 자리 숫자가 십의 자리 숫자보다 2만큼 더 작은 수는 □20, □31, □42, □53, □64, □75, □86, □97이고 이 중에서 백의 자리 숫자가 십의 자리 숫자보다 1만큼 더 큰 수는 320, 431, 542, 653, 764, 875, 986입니다.
따라서 세 가지 조건을 모두 만족하는 수는 7개입니다.

6 세 장의 숫자 카드를 고르는 방법은 (0, 2, 2), (0, 2, 5), (0, 2, 7), (0, 5, 7), (2, 2, 5), (2, 2, 7), (2, 5, 7)의 7가지입니다.
따라서 각각의 세 수로 만들 수 있는 세 자리 수는
(0, 2, 2) ➡ 2개, (0, 2, 5) ➡ 4개,
(0, 2, 7) ➡ 4개, (0, 5, 7) ➡ 4개,
(2, 2, 5) ➡ 3개, (2, 2, 7) ➡ 3개,
(2, 5, 7) ➡ 6개이므로
2+4+4+4+3+3+6=26(개)입니다.

7 450
460, 461
470~472   1+2+3+4+5=15(개)
480~483
490~494

560
570, 571
580~582   1+2+3+4=10(개)
590~593
➡ 15+10=25(개)

8 어떤 수가 742보다 크고, 759보다 작으므로 어떤 수의 백의 자리 숫자는 7입니다. 백의 자리 숫자와 일의 자리 숫자의 합은 14이므로 일의 자리 숫자는 7이고, 백의 자리 숫자보다 십의 자리 숫자가 2만큼 더 작으므로 십의 자리 숫자는 5입니다.

9 백의 자리에 올 수 있는 숫자 : 1, 2, 3, 4, 5, 6
십의 자리에 올 수 있는 숫자 : 0, 2, 4, 6, 8
백의 자리 숫자와 일의 자리 숫자의 합이 5가 되는 두 수 : (1, 4), (2, 3), (3, 2), (4, 1), (5, 0)
따라서 조건을 모두 만족하는 수는 184, 263, 342, 421, 500으로 모두 5개입니다.

10 백의 자리 숫자를 3, 4, 5로 나누어 구합니다.
305, 314, 323, 332, 341, 350 ➡ 6개
404, 413, 422, 431, 440 ➡ 5개
503, 512, 521, 530 ➡ 4개
따라서 모두 6+5+4=15(개)입니다.

11 백의 자리 숫자를 5, 6, 7, 8로 나누어 구합니다.
594 ➡ 1개
660, 671, 682, 693 ➡ 4개
770, 781, 792 ➡ 3개
880, 891 ➡ 2개
따라서 모두 1+4+3+2=10(개)입니다.

12 20씩 뛰어 세기 한 것입니다.
125, 145, 165, 185 ➡ 4개
205~285 ➡ 5개, 305~385 ➡ 5개
405~485 ➡ 5개, 505, 525 ➡ 2개
따라서 늘어놓은 세 자리 수는 모두 21개입니다.

13 어떤 두 자리 수를 ■▲라고 하면 만든 세 자리 수는 ■▲8입니다. 8과 ▲의 차가 2이므로 ▲는 6이고, ▲와 ■의 차도 2이므로 ■는 4입니다.
따라서 두 자리 수는 46입니다.

14 일의 자리 숫자는 변화가 없으므로 모두 7입니다.
5ㄱ7−ㄴ67에서 ㄱ과 7의 합의 일의 자리 숫자가 6이므로 ㄱ은 9, ㄴ은 6입니다.
667−ㄷㄹ7에서 ㄷ은 7, ㄹ은 3입니다.
ㅁㅂ7−597에서 ㅁ은 5, ㅂ은 2입니다.
4ㅅ7−527에서 ㅅ은 5입니다.
따라서 암호는 457−527−597−667
−737입니다.

15 ㄴ과 ㄱ, ㄷ과 ㄴ의 차가 1인 경우 :
123, 234, 345, …, 789 ➡ 7개

차가 **2**인 경우 :
135, 246, 357, 468, 579 ➡ 5개
차가 **3**인 경우 : **147, 258, 369 ➡ 3**개
차가 **4**인 경우 : **159 ➡ 1**개
따라서 세 자리 수는 모두
7＋5＋3＋1＝16(개)입니다.

16 일의 자리 숫자가 십의 자리 숫자보다 **1**만큼 더
작은 두 자리 수는 **10, 21, 32, 43, 54, 65,**
76, 87, 98입니다.
각 자리의 숫자의 합이 **15**인 세 자리 수이므로
두 자리 수의 숫자의 합이 **6**보다 작거나 **14**보다
큰 수는 구할 수 없습니다.
따라서 가능한 두 자리 수는 **43, 54, 65, 76**
이고 구하는 세 자리 수는 **843, 654, 465,**
276이므로 세 번째로 큰 수는 **465**입니다.

17 ㉢**68 > 777**에서 ㉢은 **8** 또는 **9**입니다.
그런데 **86**㉡ **>** ㉢**68**에서 ㉢은 **9**는 될 수 없으
므로 ㉢은 **8**입니다.
86㉡ **>** ㉢**68**에서 ㉡은 **9**입니다.
㉠**64 > 86**㉡에서 ㉠은 **9**입니다.
따라서 ㉠, ㉡, ㉢에 알맞은 **9, 9, 8**로 만들 수
있는 가장 작은 세 자리 수는 **899**입니다.

18 서준이가 가진 **4**장의 숫자 카드로 만든 가장 큰
세 자리 수가 **752**이므로 서준이가 가진 **4**장의
숫자 카드는 **7, 5, 2, 1**입니다.
따라서 유은이가 가진 **4**장의 숫자 카드는 **8, 6,**
4, 3이고 세 자리 수 중에서 가장 큰 수부터 순서
대로 써 보면 **864, 863, 846, 843, 836, …**
이므로 다섯 째로 큰 수는 **836**입니다.

일의 자리에 올 수 있는 수 : **2, 3, 4, 5, 6**
백의 자리 숫자가 **6**인 경우 :
602, 613, 624, 635, 646
백의 자리 숫자가 **7**인 경우 :
702, 713, 724, 735, 746
백의 자리 숫자가 **8**인 경우 :
802, 813, 824, 835, 846
따라서 네 가지 조건을 만족하는 수는 모두 **15**개
입니다.

2 **1**에서 **99**까지 숫자 **0**의 개수 : **10, 20, 30,**
40, 50, 60, 70, 80, 90 ➡ 9개
100에서 **299**까지 숫자 **0**의 개수 :
100, 101～109, 110～190 ➡ 20개
200, 201～209, 210～290 ➡ 20개
300에서 숫자 **0**의 개수 : **2**개
따라서 **1**에서 **300**까지 수를 모두 쓸 때, 쓰여진
숫자 **0**의 개수는 모두 **51**개입니다.

Jump 5 영재교육원 입시대비문제   26쪽

1 **15**개	**2** **51**개

1 백의 자리에 올 수 있는 수 : **6, 7, 8**
십의 자리에 올 수 있는 수 : **0, 1, 2, 3, 4**

2 여러 가지 도형

 Jump 1 핵심알기   28쪽

1 풀이 참조	2 3개
3 3개	4 풀이 참조

1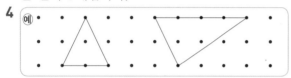

→ 변
→ 꼭짓점

2 3개의 곧은 선으로 둘러싸여 있으므로 삼각형이
고, 삼각형의 꼭짓점은 3개입니다.

3 꼭짓점이 3개이므로 도형은 삼각형이고, 삼각형
은 변이 3개입니다.

4 (예)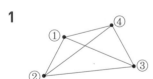

 Jump 2 핵심응용하기   29쪽

핵심 응용	풀이 1, 1, 2, 1, 1, 1, 3, 1, 2, 3, 1, 6
	답 6개
확인	1 4개
	2 (예) 3개의 곧은 선으로 둘러싸여 있지 않고, 뚫려 있기 때문입니다.

1

① ④
② ③

세 점을 곧은 선으로 이어서 삼각형을 만들어 봅니
다.
①—②—③, ①—②—④, ①—③—④,
②—③—④
따라서 만들 수 있는 삼각형은 모두 4개입니다.

2 삼각형은 곧은 선 3개로 둘러싸인 도형입니다. 주
어진 도형은 곧은 선은 3개이지만 둘러싸여 있지
않기 때문에 삼각형이 아닙니다.

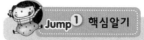 Jump 1 핵심알기   30쪽

1 풀이 참조	2 4개
3 4개	4 풀이 참조

1

→ 꼭짓점
→ 변

2 곧은 선 4개로 둘러싸여 있으므로 사각형이고, 사
각형의 꼭짓점은 4개입니다.

3 꼭짓점이 4개이므로 도형은 사각형이고, 사각형
은 변이 4개입니다.

4 (예)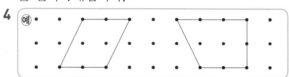

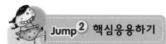 Jump 2 핵심응용하기   31쪽

핵심 응용	풀이 4, 2, 2, 4, 1, 4, 4, 1, 9
	답 9개
확인	1 사각형, 6개 2 6개
	3 18개

1  ➡ 사각형, 6개

3 1칸짜리 : 6개, 2칸짜리 : 7개, 3칸짜리 : 2개,
4칸짜리 : 2개, 6칸짜리 : 1개
따라서 찾을 수 있는 크고 작은 사각형은 모두
6+7+2+2+1=18(개)입니다.

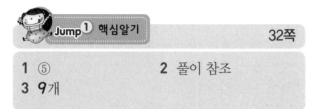

Jump 1 핵심알기 32쪽

1 ⑤   2 풀이 참조
3 **9**개

2 (1) 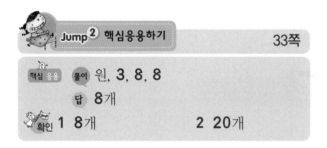   (2)

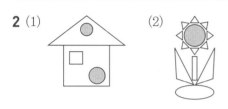

Jump 2 핵심응용하기 33쪽

핵심 응용 풀이 원, **3, 8, 8**
답 **8**개
확인 1 **8**개   2 **20**개

2 원을 **1**개 만들려면 **4**개의 ◗ 모양이 필요하므로
5개 만들 때 필요한 ◗ 의 개수는
4＋4＋4＋4＋4＝20(개)입니다.

Jump 1 핵심알기 34쪽

1 (예)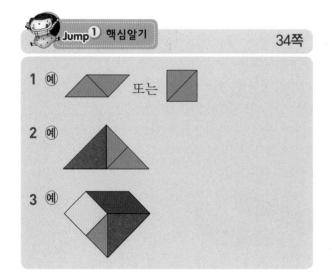

또는

2 (예)

3 (예)

Jump 2 핵심응용하기 35쪽

핵심 응용 풀이 **1, 1, 2, 1, 1, 2, 1, 1, 2**
답 노란색 **1**개, 보라색 **1**개, 파란색 **2**개
/ 노란색 **1**개, 빨간색 **1**개, 파란색 **2**개
/ 보라색 **1**개, 빨간색 **1**개, 파란색 **2**개
확인 1 풀이 참조   2 풀이 참조

1 (예)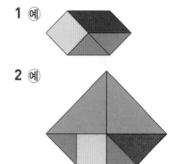

2 (예)

Jump 1 핵심알기 36쪽

1 ㉡   2 풀이 참조
3 **3**개

1 ㉠ **4**개 ㉡ **5**개 ㉢ **4**개 ㉣ **4**개

2

앞   오른쪽

3 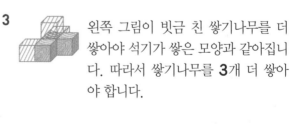 왼쪽 그림이 빗금 친 쌓기나무를 더
쌓아야 석기가 쌓은 모양과 같아집니
다. 따라서 쌓기나무를 **3**개 더 쌓아
야 합니다.

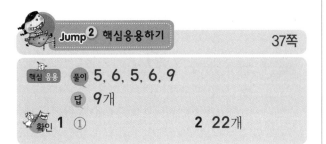

Jump² 핵심응용하기 37쪽

핵심 응용	풀이 5, 6, 5, 6, 9
	답 9개
확인	1 ① 2 22개

1 ①의 쌓기나무를 점선으로 된 부분에 옮겨 놓으면 오른쪽의 모양과 같아집니다.

2 1층에 있는 쌓기나무의 수 : 12개(보이지 않는 부분 3개 포함)
2층에 있는 쌓기나무의 수 : 3개
3층에 있는 쌓기나무의 수 : 3개
4층에 있는 쌓기나무의 수 : 3개
5층에 있는 쌓기나무의 수 : 1개
따라서 쌓기나무는 $12+3+3+3+1=22$(개)가 필요합니다.

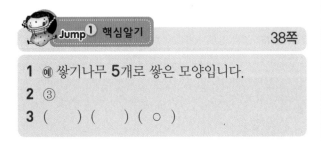

Jump¹ 핵심알기 38쪽

1 예 쌓기나무 5개로 쌓은 모양입니다.
2 ③
3 (   ) (   ) (○)

2 ① 4개   ② 4개   ③ 5개   ④ 4개   ⑤ 4개

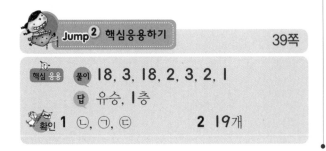

Jump² 핵심응용하기 39쪽

핵심 응용	풀이 18, 3, 18, 2, 3, 2, 1
	답 유승, 1층
확인	1 ⓒ, ㉠, ⓔ 2 19개

1 각 층별로 쌓기나무의 수를 세어 봅니다.
㉠ 1층 : 8개, 2층 : 2개 ➡ $8+2=10$(개)
ⓒ 1층 : 6개, 2층 : 3개, 3층 : 2개
   ➡ $6+3+2=11$(개)
ⓔ 1층 : 5개, 2층 : 2개, 3층 : 2개
   ➡ $5+2+2=9$(개)
따라서 ⓒ, ㉠, ⓔ의 순서대로 쌓기나무를 많이 사용하였습니다.

2 앞과 뒤에서 본 모양이 같으므로 색칠한 면의 수는 $5+5=10$(개)이고 오른쪽과 왼쪽에서 본 모양이 같으므로 색칠한 면의 수는 $3+3=6$(개)입니다. 위에서 본 면의 수는 3개이므로 칠해진 면의 수는 $10+6+3=19$(개)입니다.

Jump³ 왕문제 40~45쪽

1 10개		
2 삼각형 : 4개, 사각형 : 6개		
3 13개	**4** 10개	
5 12개	**6** 21개	
7 4가지	**8** 6개	
9 2개	**10** 풀이 참조	
11 12개	**12** 331	
13 ㉠과 ⓜ, ⓛ과 ⓗ, ⓒ과 ⓔ		
14 ④	**15** 풀이 참조	
16 36개	**17** 58개	
18 35		

1 ⬤ 모양은 원이 아닙니다.
삼각형, 사각형, 원의 수를 세어 보면 삼각형은 6개, 사각형은 2개, 원은 8개입니다.
따라서 가장 많이 사용한 도형은 원이고, 가장 적게 사용한 도형은 사각형이므로 $8+2=10$(개)입니다.

2 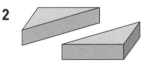 왼쪽 두 모양은 상자 모양을 자른 것입니다.
두 모양에서 찾을 수 있는 삼각형은 4개이고, 사각형은 6개입니다.

3 1칸짜리 : **9**개, 4칸짜리 : **3**개, 9칸짜리 : **1**개
따라서 찾을 수 있는 크고 작은 삼각형은 모두
9+3+1=13(개)입니다.

4
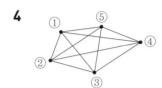
세 점을 곧은 선으로 이어서 삼각형을 만들어 봅니다.
①-②-③, ①-②-④, ①-②-⑤,
①-③-④, ①-③-⑤, ①-④-⑤,
②-③-④, ②-③-⑤, ②-④-⑤,
③-④-⑤
따라서 만들 수 있는 삼각형은 모두 **10**개입니다.

5

1칸짜리 삼각형 : ①, ②, ③, ④, ⑤, ⑥ ➡ **6**개
2칸짜리 삼각형 : ①+②, ④+⑤ ➡ **2**개
3칸짜리 삼각형 : ①+②+③, ③+④+⑤,
　　　　　　　④+⑤+⑥, ⑥+①+②
　　　　　　　➡ **4**개
따라서 찾을 수 있는 크고 작은 삼각형은 모두
6+2+4=12(개)입니다.

6 에서 찾을 수 있는 사각형은

1칸으로 된 사각형 ➡ **6**개
2칸으로 된 사각형 ➡ **7**개
3칸으로 된 사각형 ➡ **2**개　**18**개
4칸으로 된 사각형 ➡ **2**개
6칸으로 된 사각형 ➡ **1**개

 에서 굵은 선을 한 변으로 하는

사각형은 **3**개입니다.
따라서 찾을 수 있는 크고 작은 사각형은 모두
18+3=21(개)입니다.

7

➡ **4**가지

8

9 [그림 1]에서 원을 **7**개 사용한 것이 가장 많고,
[그림 2]에서는 사각형을 **9**개 사용한 것이 가장 많습니다.
따라서 가장 많이 사용한 개수의 차는
9-7=2(개)입니다.

10

11 사각형 1개짜리 : **1**개
사각형 2개짜리 : **4**개
사각형 3개짜리 : **3**개
사각형 4개짜리 : **3**개
사각형 6개짜리 : **1**개
따라서 ♣를 포함한 사각형은 모두
1+4+3+3+1=12(개)입니다.

12 사각형 **5**개, 삼각형 **1**개, 원 **1**개일 때 :
20+3+0=23 (×)
사각형 **4**개, 삼각형 **2**개, 원 **1**개일 때 :
16+6+0=22 (×)
사각형 **3**개, 삼각형 **3**개, 원 **1**개일 때 :
12+9+0=21 (○)
따라서 ㉠=**3**, ㉡=**3**, ㉢=**1**이므로
세 자리 수 ㉠㉡㉢=**331**입니다.

13 쌓기나무를 여러 방향으로 돌려 보면서 같은 모양을 찾아봅니다.

14 ④는 **8**개의 쌓기나무로 쌓은 모양입니다.

15

쌓은 모양과 개수를 보고 빼내야 할 쌓기나무를 찾아봅니다.
왼쪽 모양은 **8**개의 쌓기나무로 쌓은 것이고,
모양은 **5**개의 쌓기나무로 쌓은 것입니다.
따라서 **8-5=3**(개)의 쌓기나무를 빼내야 합니다.

16 바로 앞에 쌓은 쌓기나무의 개수보다 각각 **2**개, **3**개, **4**개, …씩 늘어나는 규칙입니다.

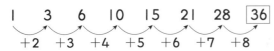

17 ㉠ 모양 : **1**층－**5**개, **2**층－**3**개, **3**층－**2**개, **4**층－**1**개이므로
5＋**3**＋**2**＋**1**＝**11**(개),

ㄴ 모양 : **1**층－**8**개, **2**층－**2**개, **3**층－**2**개이므로 **8**＋**2**＋**2**＝**12**(개)

㉠ 모양 **2**개, ㄴ 모양 **3**개를 만들려면 쌓기나무는 모두
(**11**＋**11**)＋(**12**＋**12**＋**12**)
＝**22**＋**36**＝**58**(개) 필요합니다.

18

			5		
	2		6	7	
1	3	4	8	9	10
첫째	둘째		셋째		

11				21			
12	13			22	23		
14	15	16		24	25	26	
17	18	19	20	27	28	29	30
넷째				31	32	33	34	35
				다섯째			

 Jump 4 왕중왕문제 　　　　46∼51쪽

1 삼각형, **4**개	**2** **15**개
3 **28**개	**4** **11**조각
5 **18**개	**6** **8**가지
7 **17**개	**8** **15**개
9 **28**개	**10** **18**개
11 **91**장	**12** **33**개
13 **6**개	**14** **6**가지
15 **30**개	**16** **12**개
17 열째 번	**18** **21**개

1 삼각형 : **14**개, 사각형 : **10**개
따라서 삼각형이 **14**－**10**＝**4**(개) 더 많이 생깁니다.

2

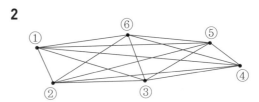

①번 점에서 곧은 선을 그으면 **5**개, ②번 점에서 곧은 선을 그으면 **4**개, ③번 점에서 곧은 선을 그으면 **3**개, ④번 점에서 곧은 선을 그으면 **2**개, ⑤번 점에서 곧은 선을 그으면 **1**개입니다.
따라서 만들 수 있는 곧은 선은 모두
5＋**4**＋**3**＋**2**＋**1**＝**15**(개)입니다.

3 **1**칸짜리 : **7**개, **2**칸짜리 : **8**개, **3**칸짜리 : **4**개, **4**칸짜리 : **3**개, **5**칸짜리 : **3**개, **7**칸짜리 : **2**개, **9**칸짜리 : **1**개
따라서 찾을 수 있는 크고 작은 삼각형은
7＋**8**＋**4**＋**3**＋**3**＋**2**＋**1**＝**28**(개)입니다.

4

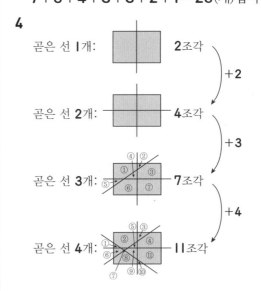

5

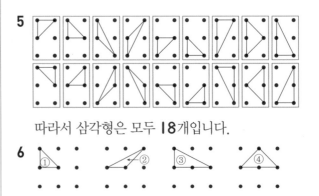

따라서 삼각형은 모두 **18**개입니다.

6

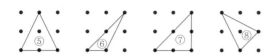

7

2칸짜리 : ①+③, ②+③,
②+⑤, ③+④,
④+⑦, ⑤+⑥,
⑥+⑦ ➡ **7**개

3칸짜리 : ①+②+③, ①+③+④, ②+③+④,
②+③+⑤, ②+⑤+⑥, ③+④+⑦,
④+⑥+⑦, ⑤+⑥+⑦ ➡ **8**개

4칸짜리 : ①+②+③+⑤, ①+③+④+⑦
➡ **2**개

따라서 찾을 수 있는 크고 작은 사각형은 모두
7+**8**+**2**=**17**(개)입니다.

8

색칠된 부분에서 찾을 수 있는 삼각형은 **4**개고, 색칠된 부분과 같은 영역은 **4**군데입니다.
따라서 **4**+**4**+**4**+**4**=**16**이므로 똑같은 삼각형을 **16**−**1**=**15**(개) 더 그릴 수 있습니다.

9 삼각형 **1**칸짜리 ➡ **12**개,
삼각형 **2**칸짜리 ➡ **6**개,
삼각형 **3**칸짜리 ➡ **8**개,
삼각형 **6**칸짜리 ➡ **2**개
따라서 찾을 수 있는 크고 작은 삼각형은 모두
12+**6**+**8**+**2**=**28**(개)입니다.

10 **1**개짜리 : **1**개, **2**개짜리 : **3**개,
3개짜리 : **3**개, **4**개짜리 : **3**개, **6**개짜리 : **4**개,
8개짜리:**1**개, **9**개짜리 : **2**개, **12**개짜리 : **1**개
따라서 색칠한 사각형을 포함하는 크고 작은 사각형은 모두
1+**3**+**3**+**3**+**4**+**1**+**2**+**1**=**18**(개)입니다.

11 각 층에 놓인 종이를 세어 보면
3층(**16**장) ➡ **4**층(**13**장) ➡ **5**층(**10**장)
➡ **6**층(**7**장) ➡ **7**층(**4**장)이므로
7층까지 늘어놓았으며 **2**층 : **16**+**3**=**19**(장),
1층 : **19**+**3**=**22**(장)을 사용했습니다.
따라서 사용한 사각형 모양의 종이는 모두
22+**19**+**16**+**13**+**10**+**7**+**4**=**91**(장)입니다.

12 성냥개비 **5**개로 만든 사각형 모양 : **11**개,
성냥개비 **7**개로 만든 사각형 모양 : **14**개,
성냥개비 **9**개로 만든 사각형 모양 : **6**개,
성냥개비 **11**개로 만든 사각형 모양 : **2**개
따라서 찾을 수 있는 크고 작은 사각형 모양은 모두 **11**+**14**+**6**+**2**=**33**(개)입니다.

13

위와 아래가 삼각형이고 옆이 사각형 **3**개인 모양이 **6**도막 나옵니다.
그러므로 삼각형 **12**개, 사각형은 **18**개 나오므로 사각형과 삼각형 개수의 차는
18−**12**=**6**(개)입니다.

14

3가지   **3**가지
따라서 모두 **6**가지입니다.

15 (1) **1**조각으로 이루어진 삼각형 :
①, ②, ③, ④
➡ **4**개

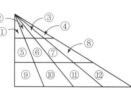

(2) **2**조각으로 이루어진 삼각형 :
①⑤, ②⑥, ③⑦, ④⑧,
①②, ②③, ③④ ➡ **7**개

(3) **3**조각으로 이루어진 삼각형 :
①⑤⑨, ②⑥⑩, ③⑦⑪,
④⑧⑫, ①②③, ②③④ ➡ **6**개

(4) **4**조각으로 이루어진 삼각형 :
①②③④, ①②⑤⑥,
②③⑥⑦, ③④⑦⑧ ➡ **4**개

(5) **6**조각으로 이루어진 삼각형 :
①②③⑤⑥⑦, ②③④⑥⑦⑧,
①②⑤⑥⑨⑩, ②③⑥⑦⑩⑪,
③④⑦⑧⑪⑫ ➡ **5**개

(6) **8**조각으로 이루어진 삼각형 :
①②③④⑤⑥⑦⑧ ➡ **1**개

(7) **9**조각으로 이루어진 삼각형 :
①②③⑤⑥⑦⑨⑩⑪,
②③④⑥⑦⑧⑩⑪⑫ ➡ **2**개

(8) **12**조각으로 이루어진 삼각형 : **1**개
따라서 찾을 수 있는 크고 작은 삼각형은 모두
4+**7**+**6**+**4**+**5**+**1**+**2**+**1**=**30**(개)입니다.

16 색칠된 쌓기나무를 **1**개씩 빼면 **1**층, **2**층, **3**층에 쌓인 쌓기나무 중 각각 가운데에 있는 **4**개가 한 면도 칠해지지 않습니다. 따라서 한 면도 칠해지지 않은 쌓기나무는 **4+4+4=12**(개)입니다.

17 쌓기나무가 **2**개씩 늘어나는 규칙입니다.
첫째 번에는 **3**개, 둘째 번에는 **3+2=5**(개),
셋째 번에는 **3+2+2=7**(개), …가 사용되었습니다.
따라서 쌓기나무 **21**개가 사용된 모양은
3+2+2+2+2+2+2+2+2+2=21
에서 열째 번임을 알 수 있습니다.

18 쌓기나무 **7**개로 쌓여 있고, 쌓기나무 **1**개에는 **6**개의 면이 있으므로 면은 모두 **42**개입니다.
그중에서 물감이 칠해진 면은 **21**개이므로 칠해지지 않는 면은 **42−21**(개)입니다.

Jump 5 영재교육원 입시대비문제   52쪽

1 20개	**2** 21가지

1 **1**칸짜리 : **8**개, **2**칸짜리 : **7**개, **3**칸짜리 : **3**개,
4칸짜리 : **1**개, **6**칸짜리 : **1**개
따라서 찾을 수 있는 크고 작은 사각형은
8+7+3+1+1=20(개)입니다.

2 (1) 꼭짓점 ㄱ과 꼭짓점 ㄷ을
지나도록 자를 때 다음에
자르는 방법은 아래 그림과
같이 **5**가지입니다.

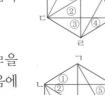

(2) 꼭짓점 ㄴ과 꼭짓점 ㄹ을
지나도록 자를 때 다음에
자르는 방법은 아래 그림과
같이 **5**가지입니다.

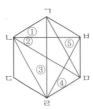

(3) 꼭짓점 ㄷ과 꼭짓점 ㅁ을
지나도록 자를 때 다음에
자르는 방법은 아래 그림과
같이 **4**가지입니다.

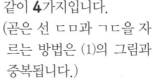

(곧은 선 ㄷㅁ과 ㄱㄷ을 자르는 방법은 (1)의 그림과 중복됩니다.)

(4) 꼭짓점 ㄹ과 꼭짓점 ㅂ을
지나도록 자를 때 다음에
자르는 방법은 아래 그림과
같이 **3**가지입니다.

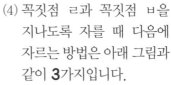

(곧은 선 ㄹㅂ과 ㄱㄷ을 자르는 방법은 그림 (1)과 중복되고, 곧은 선 ㄹㅂ과 ㄴㄹ을 자르는 방법은 (2)의 그림과 중복됩니다.)

(5) 꼭짓점 ㅁ과 꼭짓점 ㄱ을
지나도록 자를 때 다음에
자르는 방법은 아래 그림과
같이 **2**가지입니다.

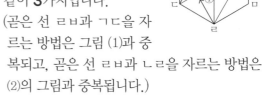

(곧은 선 ㅁㄱ과 ㄱㄷ을 자르는 방법은 (1) 그림,
곧은 선 ㅁㄱ과 ㄴㄹ을 자르는 방법은 (2) 그림,
곧은 선 ㅁㄱ과 ㄷㅁ을 자르는 방법은 (3) 그림과 중복됩니다.)

(6) 꼭짓점 ㅂ과 꼭짓점 ㄴ을
지나도록 자를 때 다음에
자르는 방법은 아래 그림과
같이 **2**가지입니다.

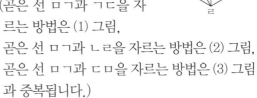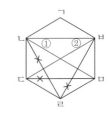

(곧은 선 ㅂㄴ과 ㄴㄹ을 자르는 방법은 (2) 그림,
곧은 선 ㅂㄴ과 ㄷㅁ을 자르는 방법은 (3) 그림,
곧은 선 ㅂㄴ과 ㄹㅂ을 자르는 방법은 (4) 그림과 중복됩니다.)

따라서 (1)~(6)에서 자르는 방법은 모두
5+5+4+3+2+2=21(가지)입니다.

3 덧셈과 뺄셈

Jump 1 핵심알기   54쪽

1 (1) 3, 33   (2) 5, 9, 14, 44
2 72쪽   3 36개
4 (1) (위에서부터) 6, 5   (2) (위에서부터) 5, 9

2 (전체 동화책의 쪽수)
  =(유승이가 읽은 쪽수)+(더 읽어야 할 쪽수)
  =65+7=72(쪽)

3 (두 사람이 캔 감자의 수)
  =(할머니께서 캔 감자의 수)
    +(고운이가 캔 감자의 수)
  =27+9=36(개)

4 (1) 일의 자리 : 7+8=15이므로 일의 자리의 숫
      자는 5입니다.
    십의 자리 : 받아올림한 1이 있으므로
      1+□=7
      ➡ 7-1=□, □=6입니다.
  (2) 일의 자리 : 4+□=3에서 받아올림이 있으
      므로 4+□=13
      ➡ 13-4=□, □=9입니다.
    십의 자리 : 받아올림한 1이 있으므로
      1+□=6
      ➡ 6-1=□, □=5입니다.

Jump 2 핵심응용하기   55쪽

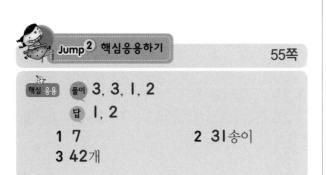

핵심 응용 풀이 3, 3, 1, 2
      답 1, 2
  1 7   2 31송이
  3 42개

1 46+□=52, □=6이므로 46+□>52가
되려면 □ 안에는 6보다 큰 수가 들어가야 합니다.

따라서 □ 안에 들어갈 수 있는 수는 7, 8, 9이므
로 가장 작은 수는 7입니다.

2 (아버지가 딴 포도의 수)
  =(지혜가 딴 포도의 수)+15
  =8+15=23(송이)
  따라서 두 사람이 딴 포도는 모두
  8+23=31(송이)입니다.

3 준우 : 준우가 가지고 있는 구슬을 □개라 하면
            □+4=30이므로 □=26입니다.
  소미 : (준우의 구슬 수)+9=26+9=35(개)
  유승 : (소미의 구슬 수)+7=35+7=42(개)

Jump 1 핵심알기   56쪽

1 (1) 20, 55, 62   (2) 6, 8, 14, 84
  (3) 52, 52, 82
2 <   3 62개
4 103개

2 28+65=93, 57+44=101
따라서 93<101이므로 28+65<57+44입
니다.

3 (2주일 동안 접은 종이학 수)
  =(지난주에 접은 종이학 수)
    +(이번 주에 접은 종이학 수)
  =23+39=62(개)

4 (하루 동안 구운 식빵 수)
  =(오전에 구운 식빵 수)+(오후에 구운 식빵 수)
  =47+56=103(개)

  **Jump② 핵심응용하기** 57쪽

> 핵심 응용 풀이 86, 35, 36, 86, 36, 122
>
> 답 122
>
> 확인 1 60개 2 >
>
> 3 (1) 7, 7 (2) 8, 8

1 (효심이가 모은 구슬 수)
 =(서우가 모은 구슬 수)+6
 =27+6=33(개)
 따라서 서우와 효심이가 모은 구슬은 모두
 27+33=60(개)입니다.

2 38+27=65
 32보다 28만큼 더 큰 수 : 32+28=60
 ➡ 65>60

3 (1) 일의 자리 : □+4=1에서 받아올림이 있으
 므로 □+4=11
 ➡ 11-4=□, □=7입니다.
 십의 자리 : 받아올림한 1이 있으므로
 1+5+1=□, □=7입니다.
 (2) 일의 자리 : □+5=3에서 받아올림이 있으
 므로 □+5=13
 ➡ 13-5=□, □=8입니다.
 십의 자리 : 받아올림한 1이 있으므로
 1+2+□=11에서 3+□=11
 ➡ 11-3=□, □=8입니다.

 Jump① 핵심알기 58쪽

> **1** (1) 10, 2, 24
> (2) 4, 4, 36
> **2** 44장 **3** 79권
> **4** (1) (위에서부터) 6, 8 (2) (위에서부터) 4, 7

2 (기영이가 가지고 있는 우표의 수)
 =(처음 기영이가 모은 우표의 수)
 -(친구에게 준 우표의 수)
 =53-9=44(장)

3 (효심이가 가지고 있는 동화책의 수)
 =(미루가 가지고 있는 동화책의 수)-6
 =85-6=79(권)

4 (1) 일의 자리 : 십의 자리에서 받아내림이 있으므로
 10+2-4=□, □=8입니다.
 십의 자리 : □-1=5이므로 □=6입니다.
 (2) 일의 자리 : 십의 자리에서 받아내림이 있으므로
 10+□-7=7, □=4입니다.
 십의 자리 : 8-1=□이므로 □=7입니다.

 Jump② 핵심응용하기 59쪽

> 핵심 응용 풀이 30, 9, 30, 9, 21
>
> 답 21
>
> 확인 1 21
>
> 2 가장 큰 수 : 9, 가장 작은 수 : 6
>
> 3 36

1 5+■=73 ➡ 73-5=■, ■=68
 ●-9=38 ➡ 38+9=●, ●=47
 따라서 ■-●=68-47=21입니다.

2 61-□=56, □=5이므로 61-□<56이
 되려면 □ 안에는 5보다 큰 수가 들어가야 합니다.
 따라서 □ 안에 들어갈 수 있는 수는 6, 7, 8, 9
 이므로 가장 큰 수는 9이고, 가장 작은 수는 6입
 니다.

3 25-□=18에서 □=7이므로
 25 대신 43을 넣으면 43-7=36이 나옵니다.

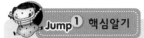

Jump 1 핵심알기   60쪽

---

1 (1) 30, 55, 58   (2) 45, 90, 45
2 36대   3 16명
4 18, 114

---

2 (남은 자동차의 수)
  =(처음에 있던 자동차의 수)
   −(빠져나간 자동차의 수)
  =52−16=36(대)

3 (더 탈 수 있는 사람 수)
  =41−(버스에 타고 있는 사람 수)
  =41−25=16(명)

4 85보다 67만큼 더 작은 수 : 85−67=18
  85보다 29만큼 더 큰 수 : 85+29=114

Jump 2 핵심응용하기   61쪽

핵심 응용 풀이 58, 5, 58, 1, 2, 3, 4
          답 1, 2, 3, 4
확인 1 29, 46   2 4개
      3 (1) (위에서부터) 5, 6
        (2) (위에서부터) 3, 3

---

1 일의 자리 숫자끼리의 차가 7인 경우를 찾아봅니다.

    4 10   3 10
    5 1   4 6
   − 1 4   − 2 9
    3 7 (×)   1 7 (○)

  따라서 차가 17이 되는 두 수는 29와 46입니다.

2 85−□6=49에서 85−49=36이므로
  □ 안에 들어갈 수 있는 수는 3입니다.
  85−□6<49가 되려면 □6이 36보다 커야
  합니다.
  따라서 1부터 7까지의 숫자 중 □ 안에 들어갈 수

있는 숫자는 4, 5, 6, 7이므로 모두 4개입니다.

3 (1) 일의 자리 : 십의 자리에서 받아내림이 있으므
      로 10+3−□=7
      ➡ 13−7=□, □=6입니다.
   십의 자리 : 받아내림한 1이 있으므로
      □−1−3=1
      ➡ 1+1+3=□, □=5입니
      다.
  (2) 일의 자리 : 십의 자리에서 받아내림이 있으므
      로 10+□−4=9, 6+□=9
      ➡ 9−6=□, □=3입니다.
   십의 자리 : 받아내림한 1이 있으므로
      6−1−2=□, □=3입니다.

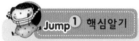

Jump 1 핵심알기   62쪽

---

1 46   2 81상자
3 26개   4 17마리

---

1 41−13+18=28+18
          =46

2 (준우네 과일 가게에 있는 과일 상자 수)
  =(사과 상자 수)+(배 상자 수)
   +(오렌지 상자 수)
  =37+25+19=62+19=81(상자)

3 (남은 도토리 수)
  =(처음 가지고 있던 도토리 수)−(아침에 먹은
   도토리 수)−(점심에 먹은 도토리 수)
  =55−17−12=38−12=26(개)

4 (전깃줄에 앉아 있는 참새의 수)
  =(처음 참새의 수)−(날아간 참새의 수)
   +(날아온 참새의 수)
  =25−17+9=8+9=17(마리)

 Jump 2 핵심응용하기 63쪽

핵심 응용 풀이 63, 63, 80, 63, 17, 17
답 17권

확인 1 −, + 2 11, 35, 46
3 22쪽

1 ○ 안에 +, −를 각각 넣어 계산해 봅니다.
67+29+16=112(×)
67+29−16=80(×)
67−29+16=54(○)
67−29−16=22(×)

2 일의 자리끼리 더하였을 때 일의 자리 숫자가 2인 세 수를 찾습니다.
일의 자리 숫자의 합이 2인 세 수는 17, 30, 35 또는 11, 35, 46이므로
17+30+35=47+35=82(×),
11+35+46=46+46=92(○)입니다.

3 98−19−19−19−19
=(98−20−20−20−20)+4
=18+4=22(쪽)

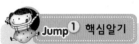 **Jump 1 핵심알기** 64쪽

1 73−45=28, 73−28=45
2 19+42=61, 42+19=61
3 덧셈식 : 46+34=80, 34+46=80
   뺄셈식 : 80−46=34, 80−34=46
4 37   5 95

4 어떤 수를 □라 하여 식을 세웁니다.
28+□=65 ➡ 65−28=□, □=37

5 어떤 수를 □라 하여 식을 세웁니다.
□−36=59 ➡ 59+36=□, □=95

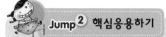 **Jump 2 핵심응용하기** 65쪽

핵심 응용 풀이 63, 45, 18, 18, 81
답 81

확인 1 18 2 44
3 53

1 어떤 수를 □라 하여 식을 세웁니다.
□+17=53 ➡ 53−17=□, □=36
따라서 어떤 수 36보다 18만큼 더 작은 수는
36−18=18입니다.

2 어떤 수를 □라 하여 식을 세웁니다.
52−15=37, 37+□=81
➡ 81−37=□, □=44
따라서 어떤 수는 44입니다.

3 어떤 수를 □라 하여 식을 세웁니다.
72+□=91 ➡ 91−72=□, □=19
따라서 바르게 계산하면 72−19=53입니다.

Jump 1 핵심알기 66쪽

1 (1) 9 (2) 16 (3) 102
2 25−□=16, 9개
3 □−15=28, 43장
4 37+□=52, 15장

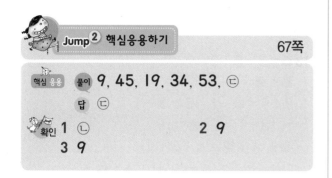

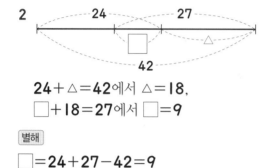

2

$24+△=42$에서 $△=18$,
$□+18=27$에서 $□=9$

별해

$□=24+27-42=9$

3 $83-□=38$에서 $□=45$이므로
$54-45=9$

Jump③ 왕문제   68~73쪽

1 9명	**2** 가 : 59, 나 : 61
3 4 , 24 , 9	**4** 13개
5 91개	**6** (왼쪽부터) 45, 28
7 52	**8** 7개
9 ▨=8, ⊙=9, ★=1	
10 39살	**11** 37
12 (위에서부터) 16/11, 20/11, 13, 24	
13 25	**14** 19개
15 30명	**16** 33
17 119	**18** 7개

1 술래잡기와 숨바꼭질이 재미있다고 대답한 학생 수를 더하면 $16+18=34$(명)이 됩니다.
그런데 실제로는 **25**명의 학생에게 질문을 하였으므로 모두 재미있다고 대답한 학생은
$34-25=9$(명)입니다.

2 한 원 안에 있는 네 수의 합은
$63+7+8+5=83$입니다.
$가+7+8+9=83$
$→83-7-8-9=가, 가=59$
$나+5+8+9=83$
$→83-5-8-9=나, 나=61$

별해

$가=(63+5)-9=59,$
$나=(63+7)-9=61$

3 일의 자리 숫자의 합이 **7**이 되는 세 수를 찾습니다.
$31+7+9=38+9=47(×),$
$31+11+5=42+5=47(×),$
$4+24+9=28+9=37(○),$
$7+11+9=18+9=27(×)$
따라서 세 수의 합이 **37**이 되는 수 카드는 **4, 24, 9**입니다.

4 (효심이와 서우가 가지고 있는 구슬의 수)
$=63+37=100$(개)
따라서 **50**개씩 가질 때 구슬 수가 같게 되므로 효심이는 서우에게 $63-50=13$(개) 주어야 합니다.

5 지우는 첫째 날에 사과를 **38**개 땄습니다.
(둘째 날 딴 사과 수)
$=$(첫째 날 딴 사과 수)$+15$
$=38+15=53$(개)
따라서 지우가 이틀 동안 딴 사과는 모두
$38+53=91$(개)입니다.

6

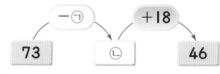

$ⓒ+18=46 → 46-18=ⓒ, ⓒ=28$
$73-㉠=ⓒ$에서 $73-㉠=28$
$→73-28=㉠, ㉠=45$

7 어떤 수를 □라 하여 식을 세웁니다.
$□+13=42 → 42-13=□, □=29$
따라서 바르게 계산하면 $29+23=52$입니다.

별해

23은 **13**보다 **10**만큼 더 큰 수이므로 바르게 계산하면 $42+10=52$입니다.

8 84−□>59에서 □를 ㉠이라고 놓습니다.
84−㉠=59 ➡ 84−59=㉠, ㉠=25이므로
84−㉠>59가 되려면 ㉠은 25보다 작은 수이
어야 합니다.
37+□>54에서 □를 ㉡이라고 놓습니다.
37+㉡=54 ➡ 54−37=㉡, ㉡=17이므로
37+㉡>54가 되려면 ㉡은 17보다 큰 수이어야
합니다.
따라서 □ 안에 공통으로 들어갈 수 있는 수는
17보다 크고 25보다 작은 수인 18, 19, 20,
21, 22, 23, 24이므로 모두 7개입니다.

9 ▨+▨=6이 되려면 ▨는 3 또는 8이어야 합니다.
백의 자리 ★은 십의 자리에서 받아올림한 수이므
로 ★은 1입니다.
★=1이므로 십의 자리 계산에서
⊙+1=11이 되려면 ⊙은 한 자리 수이므로 일
의 자리에서 받아올림이 있어야 합니다.
따라서 ▨는 8이고, ⊙는 한 자리 수에서 가장 큰
수인 9입니다.

10 (어머니의 나이)=(미루의 나이)+26
=9+26=35(살)
(아버지의 나이)=(어머니의 나이)+4
=35+4=39(살)

11 빼지는 수를 셋째 번으로 작은 두 자리 수로 놓습
니다.
가장 작은 두 자리 수는 24이므로
24−5=19
둘째 번으로 작은 두 자리 수는 25이므로
25−4=21
셋째 번으로 작은 두 자리 수는 42이므로
42−5=37

12 1+3=4　　　　7+9=㉠
　　3+5=8　　　　9+㉡=㉢
　　5+7=12　　　㉣+㉤=㉥
묶어 놓은 부분에서 수가 2씩 늘어나는 규칙이
있고, 7+9=㉠, ㉠=16입니다.
9+㉡에서 ㉡은 9보다 2만큼 더 큰 수인 11이
므로 9+11=㉢, ㉢=20입니다.
㉣은 ㉡과 같으므로 11이고, ㉤은 ㉣보다 2만큼
더 큰 수인 13이므로 11+13=㉥, ㉥=24입

니다.

13 ▨=3+3+3=9
▨+▨=●−1에서
9+9=●−1, 18=●−1
➡ 18+1=●, ●=19
●+★+▨=▲+6에서
19+3+9=▲+6, 31=▲+6
➡ 31−6=▲, ▲=25

14 (고운이의 구슬 수)+6=23
➡ (고운이의 구슬 수)=23−6=17(개)
(소미의 구슬 수)=(고운이의 구슬 수)+9
=17+9=26(개)
(서우의 구슬 수)=(소미의 구슬 수)−7
=26−7=19(개)

15 (첫째 번 정류장에서 5명이 타고 난 후 버스 안
에 있는 사람 수)=29+5=34(명)
(첫째 번 정류장에서 7명이 내리고 난 후 버스
안에 있는 사람 수)=34−7=27(명)
(둘째 번 정류장에서 3명이 타고 난 후 버스 안
에 있는 사람 수)=27+3=30(명)
따라서 지금 버스에 타고 있는 사람은 30명입니다.

16 ⊙ 뒤에 있는 수를 차례로 2번 더하는 규칙입니다.
2⊙2=2+2+2=6,
5⊙3=5+3+3=11,
10⊙4=10+4+4=18
따라서 23⊙5=23+5+5=33입니다.

17 가장 큰 수부터 순서대로 만들면 97, 94, 91,
90, 79, 74, …이므로 다섯째 번으로 큰 수는
79입니다.
가장 작은 수부터 순서대로 만들면 10, 14, 17,
19, 40, 41, …이므로 다섯째 번으로 작은 수
는 40입니다.
따라서 두 수의 합은 79+40=119입니다.

18 54+17−2□>44에서 71−2□>44입니다.
71−2□=44에서 71−44=27이므로
□ 안에 알맞은 숫자는 7이고, 71−2□>44가
되려면 2□는 27보다 작아야 합니다.
따라서 0부터 9까지의 숫자 중에서 □ 안에 들어
갈 수 있는 숫자는 7보다 작은 0, 1, 2, 3, 4, 5,
6이므로 7개입니다.

1 689	
2 ㉠ : 7, ㉡ : 8, ㉢ : 9	
3 22	**4** 4개
5 48	**6** 114
7 한라산 팀, 4회	**8** 23
9 87	
10 ㉠ : 94 ㉡ : 58 ㉢ : 14	
11 (왼쪽부터) 6, 3, 8, 4	
12 49	**13** 29
14 16개	**15** 17
16 5개	**17** 36점
18 50	

1 7+8+9=24이므로 23=6+8+9입니다.
따라서 6, 8, 9 세 장의 숫자 카드로 만들 수 있는
세 자리 수 중 가장 작은 수는 689입니다.

2 ㉡<㉢이므로 받아내림한 것입니다.
따라서 ㉠ = 7입니다.

$$\begin{array}{r} 7\ 2 \\ -\quad 6 \\ \hline 6\ 6 \end{array}\quad \begin{array}{r} 7\ 7 \\ -\quad 2 \\ \hline 7\ 5 \end{array}(\times)\quad\bigg|\quad \begin{array}{r} 7\ 4 \\ -\quad 7 \\ \hline 6\ 7 \end{array}\quad \begin{array}{r} 7\ 7 \\ -\quad 4 \\ \hline 7\ 3 \end{array}(\times)$$

$$\begin{array}{r} 7\ 6 \\ -\quad 8 \\ \hline 6\ 8 \end{array}\quad \begin{array}{r} 7\ 7 \\ -\quad 6 \\ \hline 7\ 1 \end{array}(\times)\quad\bigg|\quad \begin{array}{r} 7\ 8 \\ -\quad 9 \\ \hline 6\ 9 \end{array}\quad \begin{array}{r} 7\ 7 \\ -\quad 8 \\ \hline 6\ 9 \end{array}(○)$$

따라서 ㉡ = 8, ㉢ = 9입니다.

3 셋째 줄 : ★+▲+★+▲=86에서
　　　　　43+43=86이므로 ★+▲=43
첫째 줄 : ■+▲+★+■=81에서
　　　　　★+▲=43이므로
　　　　　■+■+43=81, ■+■=38,
　　　　　■=19
넷째 줄 : ▲+★+■+●=82에서
　　　　　★+▲=43, ■=19이므로
　　　　　43+19+●=82
　　　　　➡ 82-43-19=●, ●=20
둘째 줄 : ▲+●+■+●=81에서
　　　　　■=19, ●=20이므로
　　　　　▲+20+19+20=81
　　　　　➡ 81-20-19-20=▲, ▲=22
그리고 셋째 줄에서 ★+22=43

➡ 43-22=★, ★=21
따라서 4개의 모양이 나타내는 수는
■=19, ▲=22, ★=21, ●=20이므로
★+●-■=21+20-19=22입니다.

4 일의 자리 숫자의 합은 10, 십의 자리 숫자의 합은
4가 되는 수를 모두 찾습니다.
11+39=50, 21+29=50, 31+19=50,
12+38=50, 22+28=50, 32+18=50,
13+37=50, 23+27=50, 33+17=50,
14+36=50, 24+26=50, 34+16=50,
15+35=50, 25+25=50
이 중 4개의 숫자가 서로 다른 조건에 맞는 식은
색칠한 식 4개입니다.

5 43과 38을 더하면 겹쳐진 부분을 2번 더한 것과
같으므로 43+38에서 겹쳐진 부분을 빼주면 됩
니다. ➡ 43+38-9
□+24=43+38-9, □+24=81-9,
□+24=72 ➡ 72-24=□, □=48
따라서 □ 안에 알맞은 수는 48입니다.

6
$$\begin{array}{r} ♥\ 1 \\ -\ ★\ ♥ \\ \hline 3\ 3 \end{array}$$

일의 자리 : 1-♥=3이므로 십의 자리에서 받아
　　　　　　내림을 합니다.
　　　　　　10+1-♥=3에서 11-♥=3
　　　　　　➡ 11-3=♥, ♥=8
십의 자리 : ♥-1-★=3에서 7-★=3
　　　　　　➡ 7-3=★, ★=4입니다.
따라서 6♥+★6에서 68+46=114입니다.

7 (백두산 팀이 넘은 줄넘기 횟수)
　=(재우가 넘은 줄넘기 횟수)
　　+(소미가 넘은 줄넘기 횟수)
　=38+29=67(회)
　(한라산 팀이 넘은 줄넘기 횟수)
　=(미루가 넘은 줄넘기 횟수)
　　+(서우가 넘은 줄넘기 횟수)
　=24+47=71(회)
따라서 한라산 팀이 71-67=4(회) 더 많이 하
였습니다.

8 규칙을 먼저 찾습니다.

①	②
③	④	⑤
⑥	⑦	⑧

①=④+⑦
②=⑤+⑧
③=⑤-④
⑥=⑧-⑦

	35	82
25	㉮	㉠
22		34

㉠+34=82
➡ 82-34=㉠, ㉠=48
48-㉮=25, 48-25=㉮
㉮=23

9 16+16+16=48이므로 ★은 48입니다.
★+▲-35=⊙에서 48+16-35=⊙
이므로 ⊙=64-35=29입니다.
⊙+⊙-▲=■에서 29+29-16=■
이므로 ■=58-16=42입니다.
■+⊙+▲=♥에서 42+29+16=♥
이므로 ♥=71+16=87입니다.

10 ㉢에는 14 또는 24가 놓일 수 있습니다.
㉢=14일 때 ㉠-㉡=50-14=36,
94-58=36에서 ㉠=94, ㉡=58입니다.
㉢=24일 때 ㉠-㉡=50-24=26을 만족
하는 ㉠, ㉡은 없습니다.

11 6장의 수 카드 중에서 1과 5를 사용하였으므로
남은 수 카드는 3, 4, 6, 8입니다.

```
   ㉠ ㉡
 -  1 ㉢
 ─────
   ㉣ 5
```

남은 수 카드 중에서 일의 자리 숫자끼리의 차가 5
가 되는 것은 3과 8입니다.
남은 수 카드는 4와 6으로 십의 자리
㉠-1=㉣에서 받아내림이 있으면
㉠-1-1=㉣이 될 수 있으므로 ㉠은 6이고,
㉣은 4입니다.
일의 자리에서는 받아내림이 있는 경우이므로
㉡-㉢=5에서 10+㉡-㉢=5이므로 ㉡은 3
이고, ㉢은 8입니다.

12 63+㉠=㉠+48+㉡이므로

63=48+㉡에서 ㉡=63-48=15입니다.
㉠+48+㉡=㉡+82이므로
㉠+48=82에서 ㉠=82-48=34입니다.
따라서 ㉠+㉡=34+15=49입니다.

13 가로에 놓인 세 수의 합과 세로에 놓인 세 수의
합이 같으므로
㉮+43+㉰=50+㉯+22에서
㉮+43=50+22=72
㉮=72-43=29

14 • 받아올림이 없는 경우 : 8개
　　10+65, 12+63, 13+62, 15+60,
　　21+54, 24+51, 30+45, 35+40
• 받아올림이 있는 경우 : 8개
　　16+59, 17+58, 18+57, 19+56,
　　26+49, 27+48, 28+47, 29+46
따라서 만들 수 있는 식은 8+8=16(개)입니다.

15 (㉮가 2번)+(㉯가 2번)+(㉰가 2번)
　　=43+61+52=156이므로
㉮+㉯+㉰=78입니다.
㉮=(㉮+㉯+㉰)-(㉯+㉰)=78-61=17

16 ㉮의 십의 자리 숫자와 일의 자리 숫자를 바꾼 수
가 ㉯이고, ㉮-㉯=36이므로 ㉮의 십의 자리
숫자는 일의 자리 숫자보다 4만큼 더 커야 합
니다.
95-59=36, 84-48=36,
73-37=36, 62-26=36,
51-15=36
따라서 ㉮가 될 수 있는 수는 95, 84, 73, 62,
51로 모두 5개입니다.

17 1회 : 가+가+나=33
2회 : 가+나+다=26
3회 : 나+나+다=23
2회와 3회에서 가는 나보다 26-23=3(점)
이 많습니다.
1회에서 가+가+나=33(점)이므로 나를 가로
바꾸면 가+가+가=33+3=36(점)입니다.

18 ㉡+㉢=45이므로 ㉡+㉢은
20+25, 22+23, 23+22, 25+20 중 하
나입니다.
• ㉢이 25이면 25+24+㉠=73에서 ㉠=24
이므로 ㉢은 25가 될 수 없습니다.

- ㉢이 **23**이면 **23＋24＋㉠＝73**에서 **㉠＝26**
이고 **㉠＋㉣＝48**에서 **26＋㉣＝48, ㉣＝22**
이므로 ㉡과 같은 수가 됩니다. (×)
- ㉢이 **22**이면 **22＋24＋㉠＝73**에서 **㉠＝27**
이고 **27＋㉣＝48**에서 **㉣＝21**입니다.

따라서 □ 안에 **20**부터 **27**까지의 수를 알맞게
써 넣으면 아래와 같으므로
㉠＋㉡＝**27＋23＝50**입니다.

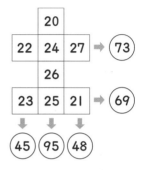

이와 같은 방법으로 주어진 그림을 수로 나타내면
다음과 같습니다.

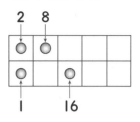

따라서 주어진 그림은 **1＋2＋8＋16＝27**을 나
타냅니다.

1 **2**   2 **27**

1 일의 자리끼리 더하면 **B＋A＋A**의 일의 자리가 **B**
이므로 **A＝5**가 되어야 합니다.
십의 자리끼리 더하면 일의 자리에서 받아올림이
있으므로 **1＋A＋B＋B**에서 **1＋5＋B＋B＝B**가
되어야 하므로
1＋5＋B＝10, B＝4가 되어야 합니다.
십의 자리에서 받아올림이 있으므로 **C＝1**이 되어
야 합니다.
따라서 **A－B＋C＝5－4＋1＝2**입니다.

2 그림에서 **3**은 **1＋2**이므로 **1**과 **2**를 나타낸 그림
을 투명종이에 겹쳐 놓은 모양이고, **5**는 **1＋4**이
므로 **1**과 **4**를 나타내는 그림을 투명종이에 겹쳐
놓은 모양입니다.

4 길이 재기

 Jump¹ 핵심알기   82쪽

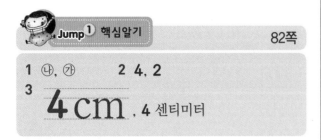

1 ㉯, ㉮   **2** 4, 2

3 **4 cm** , 4 센티미터

1 단위가 짧을수록 재어 나타낸 수가 커집니다.

Jump² 핵심응용하기   83쪽

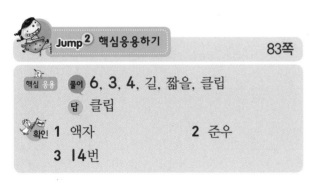

핵심 응용   풀이 **6, 3, 4**, 길, 짧을, 클립
     답 **클립**

확인 **1** 액자   **2** 준우
     3 **14**번

1 단위길이로 재어 나타낸 수가 클수록 길이가 더 깁니다.
따라서 액자의 길이가 더 깁니다.

2 단위길이가 길수록 잰 횟수가 적습니다.
따라서 준우가 가지고 있는 연필의 길이가 더 깁니다.

3 긴 변의 길이는 지우개 길이로 **4**번, 짧은 변의 길이는 지우개 길이로 **3**번과 같습니다.
따라서 사각형 ㄱㄴㄷㄹ의 네 변의 길이의 합은 지우개 길이로 **4+3+4+3=14**(번) 잰 것과 같습니다.

Jump¹ 핵심알기   84쪽

1 **9**번   **2** **2** cm
3 **10**   **4** 풀이 참조

2 선분 (가)의 길이는 **l** cm로 **3**번이므로 **3** cm이고, 선분 (나)의 길이는 **l** cm로 **5**번이므로 **5** cm입니다.

3 **3+7=10**(cm)

4 ⑩ **8** cm가 아닙니다. **2**부터 **8**까지는 **l** cm가 **6**번 있기 때문에 **6** cm입니다.

Jump² 핵심응용하기   85쪽

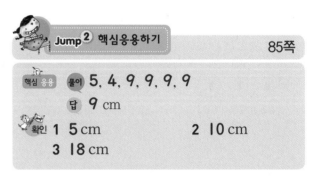

핵심 응용   풀이 **5, 4, 9, 9, 9, 9**
     답 **9** cm

확인 **1** **5** cm   **2** **10** cm
     3 **18** cm

1 소미가 늘인 고무줄의 길이는 서우가 늘인 고무줄의 길이보다 **18-13=5**(cm) 더 짧으므로 **5** cm 더 늘여야 서우가 늘인 고무줄의 길이와 같아집니다.

2 막대의 길이는 **2** cm를 **5**번 이은 길이와 같습니다. 따라서 막대의 길이는
2+2+2+2+2=10(cm)입니다.

3 (가) 막대의 길이 : **9+8-11=6**(cm)
(나) 막대의 길이 : **9+8-5=12**(cm)
따라서 (가)와 (나) 막대의 길이의 합은
6+12=18(cm)입니다.

Jump¹ 핵심알기   86쪽

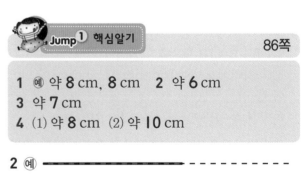

1 ⑩ 약 **8** cm, **8** cm   **2** 약 **6** cm
3 약 **7** cm
4 (1) 약 **8** cm   (2) 약 **10** cm

2 ⑩ ———————— ————————

핵심응용 풀이 고운, 8, 2, 1
확인 1 풀이 참조   2 5 cm
3 다솔

1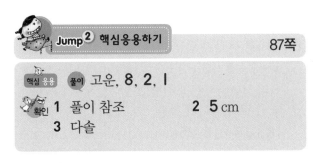
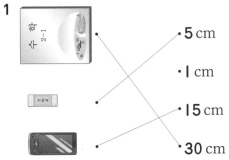

5 cm
1 cm
15 cm
30 cm

2 어림한 길이와 실제 길이의 차는
23−18=5(cm)입니다.

3 가희는 실제 길이와 27−25=2(cm),
나영이는 30−27=3(cm),
다솔이는 27−26=1(cm) 차이가 납니다.
따라서 다솔이가 가장 가깝게 어림했습니다.

Jump③ 왕문제   88∼93쪽

1 32 cm	2 유승, 10 cm
3 ㉡, ㉢, ㉠	4 43 cm
5 ㉯, ㉭, ㉮	6 기영, 1 cm
7 16 cm	8 16 cm
9 4가지	10 80 cm
11 7 cm	12 40 cm
13 20 cm	14 6뼘
15 12 cm	16 유은, 6 cm
17 32 cm	18 36 cm

1 한 개의 사각형을 만들려면
5+3+5+3=16(cm)의 철사가 필요합니다.
따라서 사각형을 두 개 만들려면
16+16=32(cm)의 철사를 준비해야 합니다.

2 유승이와 고운이의 한 뼘의 차이는 2 cm이므로
2+2+2+2+2=10(cm) 차이가 생깁니다.
따라서 유승이의 우산이 고운이의 우산보다
10 cm 더 깁니다.

3 ㉠ : 1 cm가 11번이므로 11 cm입니다.
㉡ : 1 cm가 15번이므로 15 cm입니다.
㉢ : 1 cm가 12번이므로 12 cm입니다.
따라서 길이가 가장 긴 것부터 순서대로 기호를
쓰면 ㉡, ㉢, ㉠입니다.

4 60 cm 올라갔다가 18 cm만큼 내려왔으므로 실
제로 올라간 높이는 60−18=42(cm)입니다.
따라서 다람쥐가 도토리를 먹으려면
85−42=43(cm) 더 올라가야 합니다.

5 단위길이가 짧을수록 연필의 길이를 잰 횟수는 많
으므로 나타낸 수는 커집니다.
따라서 단위길이로 재어 나타낸 수가 큰 것부터
순서대로 쓰면 ㉯, ㉭, ㉮입니다.

6 겹치는 부분은 색 테이프의 장수보다 1개 더 적습
니다.
효심이의 색 테이프의 길이 :
12+12+12+12−4−4−4=36(cm)
기영이의 색 테이프의 길이 :
10+10+10+10−1−1−1=37(cm)
따라서 기영이의 색 테이프가 37−36=1(cm)
더 깁니다.

7 가장 작은 사각형의 한 변의 길이는 1 cm이고, 모
두 16개의 변을 잘랐으므로 잘라진 선의 길이는
모두 16 cm입니다.

8 변을 따라 오른쪽으로 5번, 아래쪽으로 3번 가는
것이 ㉮에서 ㉯까지 가는 가장 가까운 길입니다.
따라서 길이가 2 cm인 변을 8번 지나야 하므로
㉮에서 ㉯까지 가장 가까운 길은
2+2+2+2+2+2+2+2=16(cm)입니
다.

9 다음과 같이 4가지 방법이 있습니다.

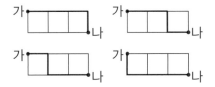

10 (기영이가 어림한 길이)=**90**−**7**=**83**(cm)

따라서 교실 앞문의 길이는

83−**3**=**80**(cm)입니다.

11 지우개의 길이는 **23**−**13**=**10**(cm)의 반이므로 **5** cm입니다.

따라서 풀의 길이는 **5**+**2**=**7**(cm)입니다.

12 왼쪽 모양과 오른쪽 모양은 서로 같고, 왼쪽 모양을 꾸미려면 **1** cm짜리 막대가 **20**개 필요합니다. 따라서 플라스틱 막대는 **20**+**20**=**40**(개)가 필요하므로 겹치지 않게 한 줄로 늘어놓으면 길이는 **40** cm가 됩니다.

13 다음 그림의 색칠한 부분이 네 변의 길이가 같은 가장 큰 사각형입니다.

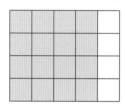

따라서 변의 길이의 합은

5+**5**+**5**+**5**=**20**(cm)입니다.

14 준우의 뼘으로 **5**번의 길이는

12+**12**+**12**+**12**+**12**=**60**(cm)입니다.

기영이의 뼘으로 **60** cm는

10+**10**+**10**+**10**+**10**+**10**=**60**(cm)입니다.

따라서 막대의 길이는 기영이 뼘으로 **6**뼘입니다.

15 색 띠의 접힌 부분을 펼쳐보면서 생각합니다.

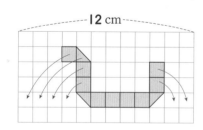

따라서 색 띠의 길이는 **12** cm입니다.

16 고운 ➡ **9**+**9**+**9**+**9**+**9**+**9**=**54**(cm),

유은 ➡ **15**+**15**+**15**+**15**=**60**(cm)

따라서 유은이의 색테이프 길이가

60−**54**=**6**(cm) 더 깁니다.

17 굵은 선의 길이는 **2** cm가 **16**개입니다.

2 cm가 **5**개이면 **10** cm이고,

2 cm가 **10**개이면 **20** cm이고,

2 cm가 **15**개이면 **30** cm이므로

2 cm가 **16**개이면 **30**+**2**=**32**(cm)입니다.

18 육각형 여섯 변의 길이는

3+**3**+**3**+**3**+**3**+**3**=**18**(cm)입니다. 굵은 선의 길이의 합은 육각형 **3**개의 둘레와 같습니다. 굵은 선의 길이의 합은

18+**18**+**18**=**54**(cm)입니다. 따라서 굵은 선의 길이의 합은 육각형 **1**개의 여섯 변의 길이의 합보다 **54**−**18**=**36**(cm) 더 깁니다.

별해

굵은 선에는 **3** cm 짜리가 **18**개, 육각형의 여섯 변은 **3** cm 짜리가 **6**개이므로 **3** cm 짜리 **18**−**6**=**12**(개) 차이입니다. 따라서 **36** cm 차이입니다.

Jump 4 왕중왕문제   94~99쪽

1 8장	**2** 96 cm
3 140 cm	**4** 고운, 1 cm
5 연필 : 6 cm, 종이 테이프 : 12 cm 막대 : 24 cm	
6 160 cm	**7** 41 cm
8 28 cm	**9** 28장
10 12번	**11** 5일
12 9가지	**13** 16 cm
14 27 cm	**15** 125 cm
16 12가지	**17** 90 cm
18 20 cm	

1 **7**장을 이어 붙이면

(**5**+**5**+**5**+**5**+**5**+**5**+**5**)

−(**1**+**1**+**1**+**1**+**1**+**1**)=**29**(cm),

8장을 이어 붙이면 **33** cm, **9**장을 이어 붙이면 **37** cm입니다.

따라서 이어 붙인 길이가 **30** cm보다 길고 **35** cm 보다 짧게 만들려면 종이 테이프를 **8**장 붙여야 합니다.

2 연필의 길이는 지우개 길이로 **4**번이므로

4+**4**+**4**+**4**=**16**(cm)입니다.

책상 높이는 연필 길이로 **6**번이므로

16+**16**+**16**+**16**+**16**+**16**=**96**(cm)입니다.

3

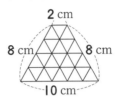

두 번 모두 젖은 부분의 길이가 **80** cm이므로
위의 그림에서 ㉠과 ㉡의 길이는 같습니다.
따라서 ㉠+80+㉠=200, ㉠=60(cm)이므로
연못의 깊이는 60+80=140(cm)입니다.

4 준우가 잘라 쓴 철사 길이는
7+7+7+7+7=35(cm)이므로
90-35=55(cm) 남고,
고운이는 4+4+4+4+4+4=24(cm)
썼으므로 80-24=56(cm) 남았습니다.
따라서 고운이의 철사가 **1** cm 더 길게 남았습니다.

5 연필 한 자루의 길이는 못 **2**개의 길이와 같으므
로 3+3=6(cm)입니다.
종이 테이프 한 개의 길이는 연필 **2**개의 길이와
같으므로 6+6=12(cm)입니다.
막대 한 개의 길이는 종이 테이프 **1**개와 못 **4**개
의 같으므로
12+3+3+3+3=24(cm)입니다.

6 (긴 막대의 길이)+(짧은 막대의 길이)=**72** cm
(긴 막대의 길이)=**72**-(짧은 막대의 길이)
(자동차의 길이)=(긴 막대 **4**개의 길이)
=72+72+72+72-(짧은 막대 **4**개의 길이)
=288-(짧은 막대 **4**개의 길이)
=(짧은 막대 **5**개의 길이)
(짧은 막대 **9**개의 길이)=288=32+32+3
2+32+32+32+32+32
따라서 자동차 길이는
32+32+32+32+32=160(cm)입니다.

7 ㉮ 막대의 길이를 기준으로 하여 생각합니다.

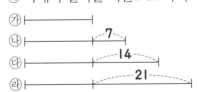

㉮ 막대 **4**개의 길이는
122-(7+14+21)=80(cm)이고
20+20+20+20=80이므로
㉮ 막대의 길이는 **20** cm입니다.
따라서 가장 긴 ㉱ 막대의 길이는

20+21=41(cm)입니다.

8 넷째에 올 모양은 다음과 같습니다.

따라서 둘레는 2+8+10+8=28(cm)입니다.

9 한 변에 사용된 색 테이프가
2장이면 14+14-3=25(cm),
3장이면 14+14+14-3-3=36(cm),
4장이면 14+14+14+14-3-3-3=47(cm)
이므로 한 장을 더 사용할수록 **11** cm씩 늘어나
는 규칙입니다.
따라서 색 테이프 **7**장을 사용하면 한 변의 길이
가 **80** cm가 되므로 사용된 색 테이프는 모두
7+7+7+7=28(장)입니다.

10

칠판의 길이가 ㄴ 막대로 **6**번이므로 위 그림에
서 ㄷ+ㄷ=ㄴ인 것을 알 수 있습니다.
따라서 ㄱ=ㄷ+ㄴ=ㄷ+ㄷ+ㄷ인 것을 알 수
있고 칠판의 길이는 ㄷ 막대 길이로
3+3+3+3=12(번)입니다.

11 나무늘보는 하루 동안 20-5=15(cm)씩 올
라갑니다 따라서 15+15+15+15+20
=80(cm)이므로 **5**일이 걸립니다.

12 다음과 같이 **9**가지입니다.

① 가 ➡ ㄱ ➡ ㄴ ➡ ㄷ ➡ ㅅ ➡ ㅂ ➡ 나
② 가 ➡ ㄱ ➡ ㄴ ➡ ㄷ ➡ ㅅ ➡ ㅊ ➡ 나
③ 가 ➡ ㄱ ➡ ㄴ ➡ ㅂ ➡ ㅅ ➡ ㅊ ➡ 나
④ 가 ➡ ㄱ ➡ ㄴ ➡ ㅂ ➡ ㅁ ➡ ㅈ ➡ 나
⑤ 가 ➡ ㄱ ➡ ㅁ ➡ ㄹ ➡ ㅇ ➡ ㅈ ➡ 나
⑥ 가 ➡ ㄱ ➡ ㅁ ➡ ㅂ ➡ ㅅ ➡ ㅊ ➡ 나
⑦ 가 ➡ ㄹ ➡ ㅁ ➡ ㅂ ➡ ㅅ ➡ ㅊ ➡ 나
⑧ 가 ➡ ㅁ ➡ ㄱ ➡ ㄴ ➡ ㅂ ➡ 나
⑨ 가 ➡ ㄹ ➡ ㅇ ➡ ㅈ ➡ ㅁ ➡ ㅂ ➡ 나

13

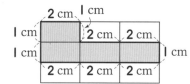

색칠한 모양으로 오려낸 경우 둘레의 길이가
가장 깁니다. 따라서 오려낸 모양의 둘레는
$2+2+2+2+2+2+1+1+1+1$
$=16$(cm)입니다.

14 ㉯$=97-54=43$(cm)

㉮$=59-43=16$(cm)

(㉮와 ㉯의 차)$=43-16=27$(cm)

15
긴 막대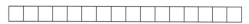
75 cm

짧은 막대

따라서 75 cm는 짧은 막대 3개의 길이와 같
으므로 짧은 막대의 길이는 25 cm이고 긴 막
대의 길이는 $25+75=100$(cm)입니다.

따라서 긴 막대와 짧은 막대의 길이의 합은
125 cm입니다.

16 종이띠의 길이를 빼거나 더해서 여러 가지 길
이를 만들 수 있습니다.

$6-5=1$(cm), $8-6=2$(cm),

$8-5=3$(cm), 5(cm), 6(cm),

$5+8-6=7$(cm), 8(cm),

$6+8-5=9$(cm), $5+6=11$(cm),

$5+8=13$(cm), $6+8=14$(cm),

$5+6+8=19$(cm)

따라서 세 개의 종이띠를 이용하여 잴 수 있는
길이는 모두 12가지입니다.

17 둘레의 길이가 가장 긴 사각형 :

5 cm씩 34번이므로 10 cm씩 17번입니다.

➡ 170 cm

둘레의 길이가 가장 짧은 사각형 :

5 cm씩 16번이므로 10 cm씩 8번입니다.

➡ 80 cm

따라서 둘레의 길이의 차는 $170-80=90$(cm)
입니다.

18 (크레파스 6개의 길이)

$=$(가위 4개의 길이)

$=$(연필 3자루의 길이)

이므로 크레파스 1개, 가위 1개, 연필 1자루의
길이를 비교하면 크레파스의 길이가 가장 짧고
연필의 길이가 가장 깁니다.

따라서 크레파스 5개의 길이가 가장 길고 연필
2자루의 길이가 가장 짧습니다.

그러므로 가장 긴 막대는 ㉮ 막대이고 크레파
스 5개의 길이와 같으므로 크레파스 1개의 길
이는 10 cm입니다.

(크레파스 6개의 길이)

$=10+10+10+10+10+10=60$(cm)

이고

(연필 3자루의 길이)

$=60$ cm$=20$ cm$+20$ cm$+20$ cm이므로
연필 1자루의 길이는 20 cm입니다.

Jump **5** 영재교육원 입시대비문제   100쪽

| 1 6 cm | 2 12가지 |

1 빨간 선의 길이는 1 cm인 길이가 18개인 셈이므
로 18 cm, 검은 선의 길이는 1 cm인 길이가
12개인 셈이므로 12 cm입니다.

따라서 길이의 차는 $18-12=6$(cm)입니다.

2 막대들을 이용하여 잴 수 있는 길이를 1 cm부터
차례로 생각합니다.

1 cm, 3 cm-1 cm$=2$ cm, 3 cm,

1 cm$+3$ cm$=4$ cm, 8 cm-3 cm$=5$ cm

8 cm$+1$ cm-3 cm$=6$ cm,

8 cm-1 cm$=7$ cm, 8 cm,

8 cm$+1$ cm$=9$ cm

8 cm$+3$ cm-1 cm$=10$ cm,

8 cm$+3$ cm$=11$ cm,

8 cm$+3$ cm$+1$ cm$=12$ cm

따라서 세 막대를 사용하여 잴 수 있는 길이는
12가지입니다.

5 분류하기

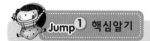 **Jump 1 핵심알기** 102쪽

1 풀이 참조	2 풀이 참조

1

바퀴 2개	자전거, 오토바이, 킥보드
바퀴 4개	승용차, 유모차

2

부는 것	트럼본, 클라리넷, 리코더
치는 것	작은북, 트라이앵글, 심벌즈

 **Jump 2 핵심응용하기** 103쪽

핵심 응용 **풀이** 노란색, 빨간색, 색깔

답 색깔

확인 1 풀이 참조 2 풀이 참조

1 예 초식 동물과 육식 동물로 분류하면 다음과 같습니다.

초식 동물	얼룩말, 사슴, 토끼, 코끼리
육식 동물	호랑이, 사자, 악어, 표범

2 예 움직이는 공간에 따라 분류하면 다음과 같습니다.

땅	자동차, 오토바이, 기차
하늘	비행기, 헬리콥터

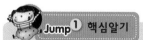 **Jump 1 핵심알기** 104쪽

1 풀이 참조	2 풀이 참조

1

동물	토끼	고양이	강아지	원숭이	곰
학생 수(명)	2	2	3	2	1

2

아이스크림	누가콘	시원바	초코바
학생 수(명)	3	3	4

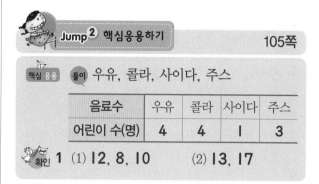 **Jump 2 핵심응용하기** 105쪽

핵심 응용 **풀이** 우유, 콜라, 사이다, 주스

음료수	우유	콜라	사이다	주스
어린이 수(명)	4	4	1	3

확인 1 (1) 12, 8, 10 (2) 13, 17

 **Jump 1 핵심알기** 106쪽

1 풀이 참조	2 장미
3 풀이 참조	

1

꽃	장미	튤립	해바라기	백합
사람 수(명)	7	4	4	3

3 예 장미를 가장 많이 준비해야 합니다.
장미를 좋아하는 사람이 가장 많으므로 꽃을 많이 팔기 위해서는 장미를 가장 많이 준비해야 합니다.

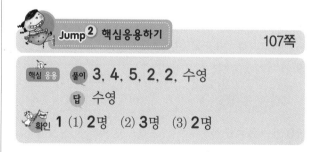 **Jump 2 핵심응용하기** 107쪽

핵심 응용 **풀이** 3, 4, 5, 2, 2, 수영

답 수영

확인 1 (1) 2명 (2) 3명 (3) 2명

1 (1) 안경을 쓴 여학생 : 2명,
안경을 쓰지 않은 여학생 : 4명
(2) 안경을 쓴 남학생 : 3명,
안경을 쓰지 않은 남학생 : 3명
(3) (안경을 쓴 학생 수)=3+2=5(명),
(안경을 쓰지 않은 학생 수)=3+4=7(명)
따라서 안경을 쓰지 않은 학생은 안경을 쓴 학생보다 7-5=2(명) 더 많습니다.

 Jump ³ 왕문제

108~113쪽

1	6명	2	5명
3	8명	4	2명
5	운동	6	2명

7 ⑩ 고운이의 친구들의 취미 중 가장 많은 것은 운동입니다.

8 프랑스, 영국, 미국, 일본, 독일, 중국

9	풀이 참조	10	9명
11	미국	12	16일
13	흐린 날	14	7일

15 ⑩ 말, 돼지, 토끼, 소, 고양이, 사자, 코끼리 와 참새, 비둘기, 기러기, 독수리, 딱다구리 로 분류하였습니다. 다리가 **4**개인 동물과 **2** 개인 동물로 분류하였습니다.

16	2마리	17	6명
18	17명	19	6마리
20	18대	21	48개
22	12개		

1 7+3+8=18이므로 24-18=6(명)입니다.

2 여름은 8명, 가을은 3명이므로
8-3=5(명)입니다.

3 25-(5+7)=13이므로 강아지는 8명, 앵무새 는 5명이 좋아합니다.

4 앵무새를 좋아하는 학생은 5명이므로
7-5=2(명)입니다.

6 운동은 7-1=6(명), 악기연주는 3+1=4(명)
이므로 6-4=2(명)입니다.

9

나라	프랑스	영국	미국	일본	독일	중국
어린이 수(명)	4	3	6	2	3	3

10 6+3=9(명)

12 31-15=16(일)

13 비 온 날 수가 6일이므로 차가 3일이 되려면 흐 린 날은 9일이어야 합니다.
따라서 14일의 날씨는 흐린 날입니다.

14 맑은 날 수는 16일, 흐린 날 수는 9일이므로
16-9=7(일)입니다.

16 7-5=2(마리)

17 국화를 좋아하는 학생은
85-24-17-19=25(명)입니다.
따라서 국화를 좋아하는 학생은 백합을 좋아하 는 학생보다 25-19=6(명) 더 많습니다.

18 별마을의 학생 수는 105-36-27-23=19(명) 이므로 학생 수가 가장 많은 마을은 해마을 36명이 고, 가장 적은 마을은 별마을 19명이므로 두 마 을의 학생 수의 차는 36-19=17(명)입니다.

19 하늘에서 활동하는 동물은 10+4=14(마리) 이므로 학생들이 좋아하는 동물 수는 모두
10+14=24(마리)입니다.
따라서 다리 수가 4개인 동물은
24-3-15=6(마리)입니다.

20 대공원에 있는 자동차는 모두
4+8+16+7=35(대)입니다.
승용차의 버스의 대수는 35-8=27(대)입니 다. 승용차가 버스보다 9대가 더 많으므로
27-9=18(대)에서 똑같이 가르기 하면 버스 는 9대입니다.
따라서 승용차는 9+9=18(대)입니다.

21 (파란색 구슬 수)=17-3=14(개)
노란색 구슬은 파란색 구슬보다 많고 가장 많은 빨간색 구슬 18개보다 적으므로
노란색 구슬의 개수가 될 수 있는 수는15, 16, 17입니다. ➡ 15+16+17=48(개)

22 노란색 블록의 개수는 12+15+9=36(개)이 므로 파란색 블록의 개수는 36-3=33(개)입 니다. 따라서 파란색 삼각형 블록은
33-7-14=12(개)입니다.

Jump ⁴ 왕중왕문제

114~119쪽

1	11명	2	5명
3	㉠ : 배, ㉡ : 4	4	14
5	13개	6	6명
7	6	8	14개
9	28	10	8명
11	9명	12	5
13	2번	14	266
15	11표	16	3명

1 축구를 좋아하는 어린이는 적어도 **4**명이어야 하므로 모둠 어린이는 적어도 **2+3+4+2=11**(명)입니다.

2 축구를 좋아하는 어린이는 **2+3+2=7**(명)이므로 **7-2=5**(명) 더 많습니다.

3 효근이네 가족은 모두 **8**명이므로 사과를 좋아하는 사람 수 ⓒ은 **8-2-2=4**(명)입니다. 사과를 좋아하는 사람은 할머니, 엄마, 형, 동생 **4**명이고 포도를 좋아하는 사람은 아빠, 누나 **2**명이므로 나머지 **2**명, 할아버지와 효근이는 배를 좋아합니다.

4 규칙을 알아보면 ○△□ ○△가 반복됩니다.
22째번까지의 도형을 **5**개씩 묶음으로 묶으면 **4**묶음이 되고 **2**개(○△)가 남습니다.
한 묶음에는 원이 **2**개, 삼각형이 **2**개, 사각형이 **1**개입니다.
㉠=**2+2+2+2+1=9**,
㉡=**2+2+2+2+1=9**,
㉢=**1+1+1+1=4**
따라서 ㉠+㉡-㉢=**9+9-4=14**입니다.

5 (빨간색 블록 수)=**18+14+12=44**(개)
(파란색 블록 수)=**44-6=38**(개)
(파란색 둥근 기둥 모양과 파란색 공 모양의 블록 수)
=**38-7=31**(개)
따라서 파란색 공 모양의 블록 수는
31-5=26(개)의 절반인 **13**개입니다.

6 (B형과 O형의 학생 수)=**24-9-4=11**
9보다 작고 **4**보다 큰 수 중 두 수의 합이 **11**이 되는 경우는 **5+6=11**이므로 B형인 학생은 **6**명입니다.

7 주어진 도형을 선을 따라 모두 자르면 변이 **3**개인 도형은 **4**개, 변이 **4**개인 도형은 **8**개, 변이 **5**개인 도형은 **2**개입니다.
㉠=**4**, ㉡=**8**, ㉢=**2**이므로 가장 큰 수와 가장 작은 수의 차는 ㉡-㉢=**8-2=6**입니다.

8 **33**개의 구슬을 똑같이 셋으로 나누면 **11**개씩입니다.
빨간색 구슬 **3**개를 노란색 구슬로 바꾸면 노란색 구슬은 **11+3=14**(개),
파란색 구슬은 **11**개, 빨간색 구슬은
11-3=8(개)이므로 각각의 차가 **3**이 됩니다.
따라서 노란색 구슬은 **14**개입니다.

9 ㉠=**72-34=38**, ㉡=**72-28=44**,
㉢=**72-6=66**
따라서 가장 큰 수는 ㉢ **66**이고 가장 작은 수는 ㉠ **38**이므로 가장 큰 수와 가장 작은 수의 차는 **66-38=28**입니다.

10 배를 고른 학생이 **22**명이므로 배와 키위를 고른 학생은 **22-9-5=8**(명)입니다.
메론과 키위를 고른 학생은
47-9-7-12-5-8=6(명)이므로
메론을 고른 학생은 **7+5+6=18**(명), 키위를 고른 학생은 **12+8+6=26**(명)입니다.
따라서 키위를 고른 학생은 메론을 고른 학생보다 **26-18=8**(명)이 더 많습니다.

11 햄버거를 좋아하는 학생과 김밥을 좋아하는 학생은 모두 **22-6-4-2=10**(명)입니다.
김밥을 좋아하는 학생 수가 가장 적으므로 **2**명보다 적은 **1**명입니다.
따라서 햄버거를 좋아하는 학생은
10-1=9(명)입니다.

12 숫자 **1**의 개수:**1, 10, 11, 12, 13, 14, 15, 16, 17, 18, 19, 21**에서 **13**개
숫자 **2**의 개수:**2, 12, 20, 21, 22, 23, 24**에서 **8**개
숫자 **3**의 개수:**3, 13, 23**에서 **3**개
숫자 **4**의 개수:**4, 14, 24**에서 **3**개
숫자 **5**부터 **9**까지의 개수:각각 **2**개씩
숫자 **0**의 개수:**10, 20**에서 **2**개
따라서 가장 많이 사용된 수 카드와 둘째 번으로 많이 사용된 수 카드의 개수의 차는
13-8=5입니다.

13 조사한 표에서 보이는 부분을 분류해보면
봄-**2**명, 여름-**4**명, 겨울-**4**명입니다.
얼룩으로 보이지 않는 부분의 **8**명 중에서
봄은 **3-2=1**(명), 여름은 **7-4=3**(명),
겨울은 **6-4=2**(명)이므로 가을은
8-(1+3+2)=2(명)입니다.

14 초록색 구슬은 **38+26=64**(개)이고 빨간색 구슬은 초록색 구슬보다 많고 노란색 구슬보다 적으므로 빨간색 구슬의 수는 **65, 66, 67, 68**개가 될 수 있습니다. 따라서 수의 합은
65+66+67+68=266입니다.

15 25명의 학생 중 개표를 한 학생 수는
3+10+6+2=21(명)이므로 개표를 하지
않은 학생은 25−21=4(명)입니다.

- 석기가 **3**표를 얻어 **3**등을 했다고 가정하면
  2등은 송이가 3+4=7(표), **1**등은 지혜가
  7+3=10(표)를 얻었으므로
  투표한 사람은 2+3+7+10=22(명)이므
  로 바르지 않습니다.

- 석기가 **4**표를 얻어 **3**등을 했다고 가정하면
  2등은 송이가 4+4=8(표), **1**등은 지혜가
  8+3=11(표)를 얻었으므로
  투표한 사람은 2+4+8+11=25(명)입니
  다.

  따라서 **1**등을 한 지혜는 **11**표를 얻었습니다.

16 먼저 보이는 부분만을 표로 나타내어 봅니다.

동물	토끼	고양이	햄스터	강아지	원숭이	합계
학생 수 (명)	4	3	2	6	1	16

주어진 표에서 토끼를 좋아하는 학생이 **5**명이
고, 햄스터를 좋아하는 학생이 원숭이를 좋아하
는 학생보다 **2**명 더 많아야 하므로 보이지 않는
부분 중 **1**명은 토끼를, **1**명은 햄스터를 좋아하
는 학생입니다.

따라서 강아지를 좋아하는 학생은 **6**명, 햄스터
를 좋아하는 학생은 **3**명이므로 강아지를 좋아
하는 학생이 햄스터를 좋아하는 학생보다
6−3=3(명) 더 많습니다.

Jump 5 영재교육원 입시대비문제　　120쪽

1 풀이 참조	2 풀이 참조

1

(12) (30)　(22) (40) (31)

(34) (25) (52) (61) (70)

십의 자리 숫자와 일의 자리 숫자의 합이 같은 것
끼리 모아 분류하였습니다.

2 예 변의 수가 많은 도형을 안쪽에 그린 모둠과 변
의 수가 적은 도형을 안쪽에 그린 모둠으로 분류
하였습니다.

---

6 곱셈

Jump 1 핵심알기　　122쪽

1 12, 16, 20	2 6, 6, 24
3 9살	4 4배

1 4씩 묶어 세면 4−8−12−16−20입니다.

2 6씩 4묶음이므로 6+6+6+6=24입니다.

3 준우의 나이는 동생 나이의 **3**배이므로 **3**의 **3**배
는 3+3+3=9입니다.
따라서 준우의 나이는 **9**살입니다.

4 사탕 **20**개는 **5**씩 **4**묶음이므로 **5**의 **4**배입니다.

Jump 2 핵심응용하기　　123쪽

핵심 응용	풀이 3, 6, 6, 6, 18, 20, 18, 2, 2
	답 2문제
확인 1 6접시	2 지우

1 사과의 수는 **3**씩 **8**묶음이므로
3+3+3+3+3+3+3+3=24(개)입니다.
따라서 사과 **24**개를 **4**개씩 묶으면
4+4+4+4+4+4=24(개)에서 **6**묶음이
되므로 **6**접시입니다.

2 구슬을 지혜는 **7**개씩 **5**묶음 가지고 있으므로
7+7+7+7+7=35(개)를 가지고 있고,
지우는 **6**개씩 **6**묶음 가지고 있으므로
6+6+6+6+6+6=36(개)를 가지고 있습
니다.
따라서 지우가 구슬을 더 많이 가지고 있습니다.

Jump 1 핵심알기　　124쪽

1 6×5=30	2 28 / 7, 4, 28
3 풀이 참조, 5×4=20	
4 3×6=18	5 2×7=14

1 6씩 5묶음은 6+6+6+6+6=30이고, 6의 5배와 같으므로 6×5=30으로 나타냅니다.

2 7을 4번 더한 것은 7×4와 같습니다.

3 예

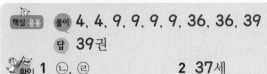

사과를 5개씩 묶으면 4묶음이므로 덧셈식으로 나타내면 5+5+5+5=20입니다.
따라서 곱셈식으로 나타내면 5×4=20입니다.

4 3+3+3+3+3+3=18이므로 곱셈식으로 나타내면 3×6=18입니다.

5 닭의 다리는 2개이므로 닭 7마리의 다리는 2+2+2+2+2+2+2=14(개)입니다.
따라서 곱셈식으로 나타내면 2×7=14입니다.

Jump 2 핵심응용하기   125쪽

핵심응용 풀이 4, 4, 9, 9, 9, 9, 36, 36, 39
답 39권
확인 1 ㉡, ㉣   2 37세
3 8개

1 각각을 곱셈식으로 나타내어 찾아봅니다.
㉠ 4의 6배
➡ 4×6=4+4+4+4+4+4=24
㉡ 2씩 8묶음
➡ 2×8=2+2+2+2+2+2+2+2=16
㉢ 3과 6의 곱
➡ 3×6=3+3+3+3+3+3=18
㉣ 4씩 4줄 ➡ 4×4=4+4+4+4=16
따라서 나타내는 수가 16인 것은 ㉡, ㉣입니다.

2 8의 5배는 8×5=8+8+8+8+8=40입니다.
따라서 재우 아버지의 연세는 재우 나이의 5배보다 3살 더 적으므로 40-3=37(세)입니다.

3 그림과 같은 모양을 한 개 만드는 데 면봉 6개가 필요합니다.
6+6+6+6+6+6+6+6=48

따라서 50개 면봉으로 그림과 같은 모양을 8개까지 만들 수 있고 낱개 2개가 남습니다.

Jump 1 핵심알기   126쪽

1 40개   2 36명
3 16   4 (1) > (2) <
5 6, 12 / 4, 12 / 3, 12 / 2, 12

1 5×8=5+5+5+5+5+5+5+5=40(개)

2 6×6=6+6+6+6+6+6=36(명)

3 7×8=56이고, 9×8=72이므로 두 수의 차는 72-56=16입니다.

4 (1) 5씩 6묶음은 30, 6의 4배는 24
➡ 30 > 24
(2) 9×4=9+9+9+9=36,
7+7+7+7+7+7=42
➡ 36 < 42

5 빵 12개를 2개씩 묶으면 6묶음, 3개씩 묶으면 4묶음, 4개씩 묶으면 3묶음, 6개씩 묶으면 2묶음입니다.

Jump 2 핵심응용하기   127쪽

핵심응용 풀이 4, 4, 2, 2, 8, 6, 6, 3, 3, 3, 3, 3, 3, 18, 8, 18, 26
답 26개
확인 1 84개   2 30개
3 준우, 3장

1 한 상자에 들어 있는 귤은
7×6=7+7+7+7+7+7=42(개)이므로
두 상자에 들어 있는 귤은
42+42=84(개)입니다.

2 종이로 가려진 부분에는 바둑돌이 6개씩 5줄로 놓여 있습니다.
따라서 종이로 가려진 바둑돌은
6×5=6+6+6+6+6=30(개)입니다.

3 기영 : 9×5=45(장)
준우 : 8×6=48(장)
따라서 색종이를 준우가 48-45=3(장) 더 많이 가지고 있습니다.

1 21개	2 40
3 ㄹ, ㄷ, ㄱ, ㄴ	4 4명
5 64자루	6 기영, 14개
7 6개	8 17대
9 66개	
10 나무막대 : 24개, 공 모양의 고무찰흙 : 24개	
11 50장	12 72
13 26	14 8개
15 6	16 37개
17 6	18 14

1 (준호가 가지고 있는 지우개 수)
$=2 \times 3=2+2+2=6$(개)
(형이 가지고 있는 지우개 수)
$=(6 \times 3)+3=(6+6+6)+3$
$=18+3=21$(개)

2 (어떤 수)$\times 6=48$이므로 어떤 수는 **8**입니다.
따라서 바르게 계산하면 $8 \times 5=40$입니다.

3 각각을 곱셈식으로 나타내어 찾아봅니다.
㉠ 7씩 5줄 ➡ $7 \times 5=7+7+7+7+7=35$
㉡ 4와 8의 곱
➡ $4 \times 8=4+4+4+4+4+4+4+4$
$=32$
㉢ 6의 7배
➡ $6 \times 7=6+6+6+6+6+6+6=42$
㉣ 9씩 5묶음
➡ $9 \times 5=9+9+9+9+9=45$
따라서 곱이 가장 큰 것부터 순서대로 쓰면
㉣, ㉢, ㉠, ㉡입니다.

4 사탕은 모두 $6 \times 6=36$(개)입니다.
(사람 수)$\times 9=36$이므로 나누어 줄 수 있는 사람 수는 **4**명입니다.

5 (이긴 팀에게 주려는 연필 수)
$=5 \times 8=5+5+5+5+5+5+5+5$
$=40$(자루)
(진 팀에게 주려는 연필 수)
$=3 \times 8=3+3+3+3+3+3+3+3$
$=24$(자루)
따라서 연필은 모두 $40+24=64$(자루) 필요합니다.

6 (기영이가 접은 종이학 수)
$=7 \times 8=7+7+7+7+7+7+7+7$
$=56$(개)
1주일은 7일이므로
(준우가 접은 종이학 수)
$=6 \times 7=6+6+6+6+6+6+6=42$(개)
따라서 종이학을 기영이가 준우보다
$56-42=14$(개) 더 많이 접었습니다.

7 $9 \times 4=36$이므로 □ 안에 들어갈 수 있는 수는
4, 5, 6, 7, 8, 9로 모두 **6**개입니다.

8 $\underbrace{2+2+2+2+2+2+2+2+2}_{9번}=18$이므로
두발자전거는 **9**대이고,
$\underbrace{3+3+3+3+3+3+3+3}_{8번}=24$이므로
세발자전거는 **8**대입니다.
따라서 자전거 가게에 있는 두발자전거와 세발자전거는 모두 $9+8=17$(대)입니다.

9 삼각형 7개를 만드는 데 필요한 면봉은
$3 \times 7=21$(개),
오각형 9개를 만드는 데 필요한 면봉은
$5 \times 9=45$(개)입니다.
따라서 면봉은 모두 $21+45=66$(개)가 필요합니다.

10 삼각형 1개를 만드는 데 나무막대는 6개가 필요하고, 공 모양의 고무찰흙은 6개가 필요합니다.
(필요한 나무막대 수)
$=6 \times 4=6+6+6+6=24$(개)
(필요한 공 모양의 고무찰흙 수)
$=6 \times 4=6+6+6+6=24$(개)

11 색종이를 효심이는 $9 \times 6=54$(장)을 가지고 있으므로 고운이는 $54-4=50$(장) 가지고 있습니다.

12 6씩 8번 뛰어 센 수는
$6 \times 8=6+6+6+6+6+6+6+6=48$
이고,
5부터 뛰어 세기를 하였으므로
●$=5+48=53$입니다.
●$=★-19$, $53=★-19$ ➡ $53+19=★$
따라서 ★$=72$입니다.

13 $2 \blacklozenge 5=2\times5-2=8$, $9 \blacklozenge 3=9\times3-9=18$이
므로 두 수의 합은 $8+18=26$입니다.

14 $5\times6=30$, $6\times7=42$에서 초콜릿은 모두
$30+42=72$(개)입니다.
따라서 남는 초콜릿은 $80-72=8$(개)입니다.

15 ㉮$\times$㉯$=54$가 나올 수 있는 수는 ㉮$=6$일 때
㉯$=9$이고, ㉮$=9$일 때 ㉯$=6$입니다.
㉮$\times$㉯$=48$이 나올 수 있는 수는 ㉮$=6$일 때
㉯$=8$이고, ㉮$=8$일 때 ㉯$=6$입니다.
식에서 공통인 수를 찾아 보면 $6\times9=54$,
$6\times8=48$이므로 ㉮는 6입니다.

16 사탕 수는 $8\times9=72$(개),
먹은 사탕 수는 $5\times7=35$(개)이므로
남는 사탕의 수는 $72-35=37$(개)입니다.

17 (★을 40번 더한 수)$-$(★을 36번 더한 수)
$=$(★을 4번 더한 수)
$★+★+★+★=★\times4=24$, $★=6$입니다.

18 $7+7+7+7+7+7=7\times6$에서 ㉠$=6$입니다.
㉡$+$㉡$+$㉡$+$㉡$+$㉡$+$㉡$+$㉡$=$㉡$\times7=56$
에서 ㉡$=8$입니다.
따라서 ㉠$+$㉡$=6+8=14$입니다.

Jump④ 왕중왕문제

134~139쪽

1 25살	**2** 60
3 21	**4** 19개
5 26	**6** 15살
7 222 cm	**8** 유승, 11쪽
9 15 cm	**10** 5
11 4	**12** 19개
13 18자루	**14** 8
15 30개	**16** 7개
17 17개	**18** 6개

1 현재 동생의 나이는 5살이고, 형은 동생의 나이의
3배이므로 현재 형의 나이는 $5\times3=15$(살)입니다.
동생이 현재 형의 나이인 15살이 되려면 10년 후이
므로 그때 형의 나이는 $15+10=25$(살)입니다.

2 가장 큰 곱은 $9\times8=72$, 가장 작은 곱은
$3\times4=12$이므로 두 수의 차는 $72-12=60$입
니다.

3 ♥$\times4=16$, ♥$=4$이므로 $4\times★=$■입니다.
$4\times★=$■, ●$\times6=$■에서 $4\times★=$●$\times6$이
므로 $4\times3=12$, $2\times6=12$, $4\times6=24$,
$4\times6=24$, …에서 가장 작을 때의 값은
●$=2$, ■$=12$, ★$=3$일 때입니다.
따라서 ●$+$■$+$♥$+★=2+12+4+3=21$입
니다.

4 삼각형 1개일 때 ➡ $1+2$
삼각형 2개일 때 ➡ $1+2+2$
삼각형 3개일 때 ➡ $1+2+2+2$
⋮   ⋮
삼각형 9개일 때 ➡ $1+(2\times9)=19$(개)

5 $9\times9=81$이므로 □$\times9<80$에서 □ 안에 알
맞은 수는 9보다 작은 1부터 8까지의 수입니다.
$6\times4=24$이므로 $6\times$□>24에서 □ 안에 알
맞은 수는 4보다 큰 수입니다.
따라서 □ 안에 공통으로 들어갈 수 있는 수는
4보다 크고 9보다 작은 수이고, 그 수들의 합은
$5+6+7+8=26$입니다.

6 고운이의 현재 나이는 $15-3=12$(살)이고
준우의 현재 나이는 $12-4=8$(살)입니다.
따라서 현재 유은이의 나이는
$8\times2-1=15$(살)입니다.

7 9 cm짜리 나무 막대가 8개, 8 cm짜리 나무 막
대가 10개, 7 cm짜리 나무 막대가 10개입니다.
따라서 사용한 나무 막대의 길이는 모두
$9\times8+8\times10+7\times10=72+80+70$
$=222$(cm)입니다.

8 유승이가 풀지 않은 쪽수는
$80-(5\times9)=35$(쪽), 고운이가 풀지 않은 쪽수
는 $80-(7\times8)=24$(쪽)이므로 풀지 않은 쪽수
는 유승이가 $35-24=11$(쪽) 더 많습니다.

[별해] 고운이가 $(7\times8)-(5\times9)=11$(쪽) 더 풀
었으므로 풀지 않은 쪽수는 유승이가 11쪽 더 많습
니다.

9 오른쪽과 같이 카드를 늘어
놓습니다. 한 변의 길이는
$5\times3=15$(cm) 또는
$3\times5=15$(cm)입니다.

	5 cm	5 cm	5 cm
3 cm			
3 cm			
3 cm			
3 cm			
3 cm			

10 7부터 5씩 8번 뛰어 센 수는 $7+(5\times8)=47$ 이므로 ★은 $47-5=42$입니다.
♥의 8배는 $42-2=40$이므로 ♥는 5입니다.

11 □♥7 ➡ $□\times7+□=32$
$□\times7=□+□+□+□+□+□+□$이고,
$□\times7+□=□+□+□+□+□+□+□+□$이므로 $□\times8=32$입니다.
따라서 $4\times8=32$이므로 □$=4$입니다.

12 사각형 1개를 만드는 데 필요한 면봉 수 : 4개,
사각형 2개를 만드는 데 필요한 면봉 수 : 7개,
사각형 3개를 만드는 데 필요한 면봉 수 : 10개,
… 사각형 모양을 1개씩 더 만들려면 면봉은 3개씩 더 필요합니다.
(사각형 모양을 6개 만드는 데 필요한 면봉 수)
$=4+(3\times5)=4+(3+3+3+3+3)$
$=4+15=19$(개)

13 준우의 연필 수 ➡ $3\times5=15$(자루),
고운이의 연필 수
➡ $15+15+15-20=25$(자루)
기영이의 연필 수 ➡ $25-7=18$(자루)

14 ♥를 9번 더한 합이 ◆2이므로 ♥$\times9=$◆2 입니다. 따라서 ♥가 한 자리 숫자이므로 1부터 9까지의 수를 넣어 알아보면
$8\times9=8+8+8+8+8+8+8+8+8$
$=72$이므로 ♥$=8$입니다.

15 기계 3대로 3분 동안 만들 수 있는 인형 수는 기계 한 대로 3분 동안 만들 수 있는 인형 수의 3배와 같으므로 $2\times3=2+2+2=6$(개)입니다. 따라서 기계 3대로 15분 동안 만들 수 있는 인형 수는 기계 3대로 3분 동안 만들 수 있는 인형 수의 5배와 같으므로
$6\times5=6+6+6+6+6=30$(개)입니다.

16 육각형 1개일 때 ➡ $1+5=1+(5\times1)$
육각형 2개일 때 ➡ $1+5+5=1+(5\times2)$
육각형 3개일 때 ➡ $1+5+5+5$
$=1+(5\times3)$
⋮ ⋮
육각형 □개일 때 ➡ $1+5+5+\cdots+5$
$=1+(5\times□)=36$
$5\times□=35$에서 □$=7$이므로 7개입니다.

17 덧셈식: $1+3=$④, $1+5=$⑥, $1+7=$⑧,
$1+9=$⑩, $3+5=$⑧, $3+7=$⑩, $3+9=$⑫,
$5+7=12$, $5+9=$⑭, $7+9=$⑯ ➡ 7개
곱셈식: $1\times3=$③, $1\times5=$⑤, $1\times7=$⑦,
$1\times9=$⑨, $3\times5=$⑮, $3\times7=$㉑, $3\times9=$㉗,
$5\times7=$㉟, $5\times9=$㊺, $7\times9=$(63) ➡ 10개
따라서 덧셈식과 곱셈식으로 만들 수 있는 서로 다른 수는 모두 $7+10=17$(개)입니다.

18 • 5가 나오는 두 자리 수 : 15, 51
• 15가 나오는 두 자리 수 : 35, 53
• 35가 나오는 두 자리 수 : 57, 75
따라서 계산 결과가 5가 나오는 두 자리 수는 15, 51, 35, 53, 57, 75로 모두 6개입니다.

Jump 5 영재교육원 입시대비문제 140쪽

1 13 2 46 cm

1 먼저 셋째 설명에서 이것이 될 수 있는 수는 4, 5, 6, 7, 8, 9, 10입니다.

이것이 될 수 있는 수	4	5	6	7	8	9	10
이것의 5배	20	25	30	35	40	45	50
이것의 8배	32	40	48	56	64	72	80

표에서 이것의 5배가 40보다 작은 부분과 이것의 8배가 40보다 큰 부분은 색칠된 곳입니다. 따라서 세 가지 조건을 모두 만족하는 이것은 6과 7이므로 이 두 수를 더하면 $6+7=13$입니다.

2 (겹치지 않고 이어 붙인 길이)
$=(7\times5)+(4\times5)$
$=(7+7+7+7+7)+(4+4+4+4+4)$
$=35+20=55$(cm)
겹쳐진 부분은 9군데이므로 겹쳐진 부분의 길이는 $1\times9=1+1+1+1+1+1+1+1+1$
$=9$(cm)입니다.
따라서 이어 붙인 색 테이프의 전체 길이는
$55-9=46$(cm)입니다.

정답과
풀이